U0919188

所谓情商高，就是

会说话、会办事、会做人

99%的高情商人士都具备的三大本领

清嘉/编著

CFP 中国电影出版社

图书在版编目（CIP）数据

所谓情商高，就是会说话、会办事、会做人 / 清嘉编著 . -- 北京：中国电影出版社，2018.1

ISBN 978-7-106-04773-3

Ⅰ . ①所… Ⅱ . ①清… Ⅲ . ①情商—通俗读物 Ⅳ . ① B842.6-49

中国版本图书馆 CIP 数据核字（2017）第 196866 号

责任编辑： 纵华跃
封面设计： 韩庆熙
版式设计： 范　磊
责任校对： 蔡　践
责任印制： 庞敬峰

所谓情商高，就是会说话、会办事、会做人
清　嘉　编著

出版发行： 中国电影出版社（北京北三环东路 22 号）邮编 100013
电话：64296664（总编室）　64216278（发行部）
E-mail：cfpygb@126.com
经　　销： 新华书店
印　　刷： 三河市嵩川印刷有限公司
版　　次： 2018 年 1 月第 1 版　2018 年 1 月北京第 1 次印刷
规　　格： 开本 / 710 × 1000 毫米　1/16
印张 / 16　　字数 / 220 千字

书　　号： ISBN 978-7-106-04773-3 / B · 0122
定　　价： 39.80 元

缔造高情商不可缺少的三大要素

上篇 带情商说话：让人如沐春风

中篇 带情商办事：达到最佳化效应

下篇 带情商做人：人情练达即文章

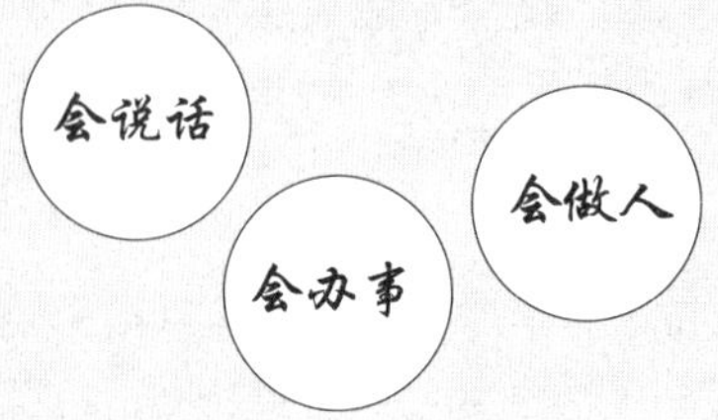

高情商是维护社会关系的重要能力，情商在评价一个人的综合素质方面占据**重要地位**，甚至有人提出的成功法则内容为：

人的成功=1%IQ（智商）+99%EQ（情商）。

/ 前　言 / preface /

“情商之父”丹尼尔·戈尔曼说：“智商高、情商也高的人，春风得意；智商不高、情商高的人，贵人相助；智商高、情商不高的人，怀才不遇；智商不高、情商也不高的人，一事无成。”当今，经济多样化、社会一体化发展迅速，高情商是维护社会关系的重要能力，情商在评价一个人的综合素质方面占据重要地位，甚至有人认为，人的成功 =1%IQ（智商）+99%EQ（情商）。可见，高情商对于个人成功起到重要作用。

高情商在人际交往中作用巨大，高情商的培养需要遵循两个原则：一方面要有情绪控制能力，即在人际交往中要有自制力，要确保自己的情绪和行为具有可控性；另一方面要具备同理心，即具备对他人感同身受的能力。同理心包含三个方面的内容：一是要有认知同理心，即理解他人处境的能力；二是要有情绪同理心，即感受他人情感的能力；三是要有关怀同理心，即明白他人需求的能力。

将关于情商抽象的理论知识具体到生活中，情商的内容就非常简单明了了，所谓的情商高就是会说话、会办事、会做人。

会说话是情商高的直接体现。会说话不仅是一种语言技巧，更是一门语言艺术。美国销售大王乔·吉拉德凭着高超的口才能力，在 15 年的时间里销售出 13001 辆雪佛兰汽车，是《吉尼斯世界纪录大全》认可的世界上最成功的推销员，为公司创造了巨大的利润；张仪是战国时期的外交家，创立了“连横”的外交策略。秦惠王时期，各诸侯国合纵抗秦，张仪凭借三寸不烂之舌到各国游说，破合纵诸侯国转为连横亲秦，以一人之力，将战争危机转化为和平，抵过千军万马之力。在与他人交往中，话语是第一时间传达信息的工具，会说话的人沟通时讲究方式方法，并且具备说话的智慧，将困难巧妙地化于无形，同时还会通过迂回的技巧，“曲线救国”，达到自己说话的目的。

会办事是高情商的重要体现。实践是检验真理的唯一标准，你是否具备高情商，通过你办事的情况即可一览无余。一起入职的同事，若干年后，有些人已经是高层领导或者中层部门负责人，但是还有一些人仍然停留在基层，为什么同样的时间，有些人进步明显，有些人却停滞不前？原因可能是后者不会办事。办事体现了一个人的多种素质，事前需要对事情进行详细的谋划；事中要有很强的执行力和处理问题、协调配合的能力；事后要有总结分析能力，并担当起后续的责任。如果其中有一个环节做不好，就会影响事情的推进，同时也会影响自身在他人心中的形象。所以，会办事是情商高的一个重要体现。

会做人是情商高的基础保障。做人是一辈子的事情，情商贯穿于其中。会做人的人讲诚信、有担当，并且理解他人，与人沟通交往中能给人留下舒服的印象，让人们都愿意在以后的工作生活中与之维系交往的纽带。《人类简史》这本书“资本主义教条”一节中讲到荷兰的成功，原因就在于荷兰的金融家会做人，讲信用，他们坚持准时、全额还款，降低借款人的借款风险，从而赢得了金融界的信任，使得荷兰在众多国家中迅速崛起。

由此可见，高情商的理论与实践存在相融相通的关系。会说话、会办事、会做人的人在说话、办事、做人中都具备自控能力和同理心。自控能力让人在说话、办事、做人中有自知之明，能够做到说合适的话、办漂亮的事、做出色的人；同理心让人在说话、办事、做人的过程中充分考虑他人的感受，让对方感受到舒服和自在。这就是高情商的体现。

/ 目 录 / contents /

上篇

带着情商说话：让人如沐春风

CONTENTS

上篇

CONTENTS

上篇

CONTENTS

第四章

中篇

带着情商办事：达到最佳化效应

CONTENTS

中篇

CONTENTS

下篇

带着情商做人：人情练达即文章

CONTENTS

下篇

CONTENTS

上篇

带着情商说话：让人如沐春风

第一章

说话有道：情商让你的语言价值百万

一句话能成事，一句话能败事，关键看你怎么说。说者无意，听者有意；说者有意，听者更清。用情商洗礼你的语言，你的语言将价值百万。

优秀的人都重视说话措辞

在日常交流中，听者的行为、想法与说话者的措辞有直接的关系，同样一种意思，用不同的措辞表达，听者的想法也会不同。

比如，在服装店看中了一件衣服，销售员对你说："这种款式的衣服就剩这一件了。"你会怎么想呢？你肯定会想这件衣服是不是别人挑剩下的，是不是有什么瑕疵呢？从而产生不想买的想法。

而如果销售员说："这件衣服是今年的爆款，这是最后一件了。"你又会怎么想呢？你会想这件衣服这么流行，现在不买可能就没了，从而激发了你的购买欲望。

同一件事情，只因为销售员说话的措辞不同，就能够直接影响最后的销售结果。由此可见，在同样的前提下，会说话和不会说话，会带来两种截然不同的结果。注意说话措辞，让会说话助你达成目的。

读故事，悟情商

电影《快乐飞行》中有这样一个片段，新人空姐在给乘客分配食物时发现，由于选择要牛肉的乘客比较多，导致大量的鱼肉剩下了，该怎么办呢？

就在新人空姐发愁时，前辈空姐看到此状况后，拿起话筒很有经

验地说道："今天的午餐有以优质香草、富含矿物质的天然岩盐和粗制黑胡椒合煎而成的银鳕鱼，和普通牛肉。"

接着，奇怪的事情发生了，后面的乘客大多数都选择了鱼肉。一句话、一个措辞便顺利改变了事情发展的方向。

为什么有些人说话能够达到想要的目的，有些人说话，结果却总是事与愿违呢？从某些角度来看，这与说话措辞有直接的关系。会说话的人，措辞得体，意思明确清晰，能够引导事情朝着自己想要的结果发展；不会说话的人，运用不恰当的措辞，给对方带去不好或不适的感觉，从而达不到自己的目的。

点亮自己»

情商是一种能力，措辞是一种技术，优秀的人都明白掌握该技术的重要性。说话如同做菜，措辞如同盐，放得合适，就是美味佳肴，达到最棒的效果；放得少了，索然无味，达不到效果；放得多了，过于咸涩，让人难以接受。那么，该如何把握说话中措辞的有效使用呢？

第一，看环境。不同的环境要使用不同的措辞，没有一种措辞是放之四海而皆准的。比如，在亲人朋友面前可以放肆地玩闹取乐，而在职场同事面前，就必须懂得收敛，否则可能会造成一些不必要的尴尬。此外，说话用词应该有所变化，在演讲时要用一些书面语，显得正式；而在私下沟通时要用口头语，显得亲切。

第二，看目的。目的不同，说话时的措辞也应有所不同。比如你想和对方约会，你说："这周六有空吗？我们去……"对方是否同意，结果很难说。如果对方对你有好感，同意的可能性就大一些，而如果对方暂时对你没意思，必然会拒绝，难免会造成尴尬的局面。

但如果你换一种措辞，不管对方对你有没有好感，效果都会好很多，比如你说："某地方景色非常棒，而且周六周日还有精彩的表演，你看这两天你哪一天有空呢？"这样，在对方二选一的情况下，得到肯定答案的几率就会大大提升。

第三，看听者。不同的人对措辞的接受程度也不同，比如对于文化教育水平较低的人来说，他们就喜欢听一些通俗易懂的大白话，措辞太书面化，对方反而听不懂；而对于文化素养较高的人来说，措辞不要过于"白开水"，他们会觉得你档次低，没文化没高度，同样不喜欢听。所以，措辞怎么用，还要看听者是谁。

不要带着"命令"去说话

在一般的人际交往中，沟通双方是平等的关系。沟通中不可带着"命令"去说话，一方面，"命令式"的口吻让对方感觉到双方的不对等关系，被对方看作是对自己的不尊重；另一方面，"命令式"的话语容易让对方产生逆反心理，不利于后续的沟通。

你约了朋友一起聚会吃饭，在吃饭的过程中，餐桌上的白开水没有了，朋友对你说："你喊下服务生。"此时，作为听者的你一定会有被人使唤的感受。第一次可能会碍于面子按他的要求做，但次数多了，你肯定会产生反感情绪，直接影响着你们的聚会体验。

同样的事情，如果对方正忙的时候对你说："我在处理个事情，亲，辛苦你一下，让服务员给咱们添壶水。"你听后肯定会积极去做，毫无怨言。

同理，面对别人时，不要带着"命令"去说话，要充分尊重对方，让对方感受到与你沟通时既舒服又自在。

读故事，悟情商

楚庄王即位后不理政事，流连于喝酒、打猎，并在宫门口挂起一个大牌子，上面写道："进谏者，杀无赦！"许多大臣因此不敢劝谏。

一天，楚国大夫伍参去见楚庄王。楚庄王喝着酒，看着歌舞，醉醺醺地问道："大夫来这里见我，是要喝酒还是要欣赏歌舞？"伍参回答道："有人给我讲了一个谜语，我怎么也猜不出来，特地向楚王请教。"

楚庄王一听，来了兴趣，问道："说来我听听，到底是什么谜语，这么难？"

伍参说道："谜语的内容是，'楚京有大鸟，栖上在朝堂，历时三年整，不鸣亦不翔。令人好难解，到底为哪桩？'请问吾王，这只鸟不鸣也不翔，到底是什么鸟呢？"

楚王听后，明白伍参的意思，笑着说："我知道了，这只鸟不是一般的鸟，他三年不飞，一飞冲天；三年不鸣，一鸣惊人。"伍参听到楚庄王的回答，高兴地退了出来。

故事中，伍参面对楚庄王的不作为，并没有采用"命令式"的语气，例如"楚王，您不应该整天吃喝玩乐，置社稷江山于不顾"或者

“您应该将心思放到国家大事上”之类的说法，如果这样，伍参面对楚庄王“进谏者，杀无赦”的牌子，说不到两句话可能就会被杀掉。伍参聪明地将自己的观点暗含在一问一答的谜语里，巧妙地让皇帝意识到自己的错误，达到进谏的效果。

所以，说话的语气和方式至关重要，摒弃“命令式”的说话方式，可以让对方听起来更加舒服，并快速地接受你的观点。日常生活中，我们要向古代优秀的谏臣学习，说话讲究技巧，不用“命令”的口吻说话。

电影《我的少女时代》中，林真心的上司安排工作时说道：“半夜爱丁堡那边要视频会议，你们这一组留下来准备！”这是一种典型的命令式口吻，可以想象得到下属听到这句话后的绝望和想要反抗的冲动，但碍于职位低又不敢轻易反抗，林真心组的员工就都采取不配合、磨洋工的态度对待工作。

试想，如果上司用合适的口吻说话，如“近期大家辛苦了，公司很感谢大家的付出，今天晚上有个工作需要大家继续加班，大家再坚持一下，争取高效率完成，然后我请大家去吃宵夜”类似鼓励的话语，让员工感受到尊重，而不是压迫，相信员工一定会积极配合上司完成这项工作。

因此，与人说话时要讲究技巧，避免采用“命令式”的语言，让对方感受到充分的尊重，否则，你的“命令”带给对方的是压迫和不舒服，这样沟通的效果会大打折扣。

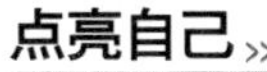

点亮自己»

高情商的人说话一定是让对方听起来舒服、无压力的，与其对话是一种享受。高情商的人说话有一个小秘诀，即不带“命令”去说话。不带“命令”去说话，能让听者感受到交流时的平等和被尊重，促进沟通的顺利进行。做到不带“命令”去说话，要注意以下两个方面：

第一，具备同理心。同理心要求说话者从对方的角度出发，思考对方想要听到怎样的话语，如果别人用“命令式”的语言和自己说话，自己内心会是怎样的感受。换位思考后，说话时就会注意自己的一言一语，特别是说话时的语气，能充分表现出尊重对方的态度。这样才具备与他人深度沟通的条件。

第二，学会转换说话方式。学会转换说话方式是从主观方面出发，当你意识到“命令式”的说话方式不适用时，要尽快转变自己的说话方式，如用反问的句式，用征求对方意见的方式表达自己的观点；或者多增加礼貌用语，用商量的口气进行沟通等。这样不仅能让对方感受到尊重，还会增加自己在他人心中的魅力值，给他人留下高情商的印象。

打人不打脸，说话不揭短

“面子”关乎个人的尊严，俗话说“打人不打脸，说话不揭短”，与人沟通交流过程中，要充分考虑维护对方的自尊心，不说伤人自尊的话，不说有损对方面子的话。高情商的人说话尤其注重维护对方的面子，这样才能保证沟通的顺利开展。

生活中会有很多关乎面子的谈话。如，你和一个身材有些胖的朋友一起逛街买衣服，朋友喜欢上一件裙子，你立刻说：“这件不适合你，你穿上会更显胖的。”或者你和身高有些矮的伙伴一起去健身房，小伙伴想要玩会儿篮球，你却说道：“你这么喜欢打篮球，为什么还长得这么矮？”

试想，对方听到你的话后会怎么想？脾气好的会一笑而过，虽然什么也不说，但是内心深处会对你产生疏离；脾气不好的可能会选择立即反击，以其人之道还治其人之身，用你的短处回击你，这样，双方会陷入你来我往的争吵中，友谊不免堪忧啊！

说话时能充分考虑到对方的面子，并规避对方的短处，是同理心的体现。具备同理心的人情商一定不会低，特别是在与人相处的过程中，不攻击他人短处是高情商的体现。

读故事，悟情商

美国有个女孩，叫凯丝·达莉。她热爱唱歌，一直梦想着有一天可以站在舞台上一展歌喉，成为出色的歌唱家。但是，她却长了一口龅牙，不好看的牙齿让凯丝·达莉心生自卑，成了她的心理障碍。

一天，新泽西州的一家夜总会邀请凯丝·达莉演出，唱歌的时候，她一直羞于向听众展示自己的牙齿，努力用嘴唇包住牙齿唱歌，结果洋相百出，演出非常不成功。演出结束后，凯丝·达莉伤心地哭了起来。

一位老人看到哭泣的凯丝·达莉，对她说道："孩子，你知道吗？你很有唱歌的天分，你的声音成功地吸引了我。但是我发现你一直在试图掩饰自己的牙齿。孩子，你的牙齿并不丑陋，观众们听你唱歌，关注的是你的声音，并不是你的长相。所以啊，不要在意自己的长相，将自己的声音真实地展现给大家，用你的歌声把观众征服！大胆地张开嘴巴去歌唱吧，像憨豆先生独特的长相一样，你独特的牙齿会给你带来好运的！"

凯丝·达莉听了老人的话，心中充满了力量，她听从老人的建议，在之后的歌唱中将注意力放到自己的歌声中，勇敢地面对观众。最后，她真的成了美国的一线明星，实现了自己的愿望。

故事中的老人，说话时不但没有打击凯丝·达莉的短处，还用积极的态度鼓励她，让她有信心和勇气追逐自己的梦想，并且最终实现了梦想。

中国关于龙的传说中提到，"逆鳞"位于龙的喉部下一尺的地方，如果有人不慎碰到龙的“逆鳞”就会将其激怒，并被它杀害。和龙有“逆鳞”一样，每个人都有自己的“逆鳞”，是不能轻易被触碰的敏感地带，或许是不堪回首的往事，又或许是难以启齿的缺点。因此，与人沟通时，要注意避开对方的敏感地带，尊重对方的隐私。

点亮自己»

“良言一句三冬暖，恶语伤人六月寒”。我们与人沟通交流中，要注意说话方式，说话不揭短，不伤害他人，用温暖的话语沟通交流。“打人不打脸，说话不揭短”警示我们在说话的时候注意以下三个方面：

第一，不讽刺，不挖苦。与人相处时，要把握好说话的原则，与人交流时不挖苦、不讥笑，特别是熟悉的朋友，更要彼此爱护，避免说出“哎哟，别加班了，这么拼命干啥，就你这资历，你们老板不会给你升职的”或者“你看你把你家孩子带的，穿得多土气”之类的伤害别人的话语。

第二，不嘲笑，不幸灾乐祸。别人失败时，不能幸灾乐祸，特别是面对一些好胜心和嫉妒心都比较强的人，信奉“允许别人过得好，但是不允许别人过得比自己好”的原则，看到别人失败的时候，就幸灾乐祸，说起话来句句不离别人的糗事，显示自己的优越感，比如“老李，上次的股票赔的不少吧？我让你及时出手你不出，这下好了，被套牢了，你说你当初为什么就不听我的话呢”之类的话语，让人无比反感。

第三，不在背后造谣生事。别人成功时，有些人就会眼红，产生嫉妒心理，背着对方造谣生事，以寻求快感。例如，和你一同入职的

小王升职了，你心里不平衡，不明白为什么干一样的工作，对方能升职自己却一直原地踏步。这个时候，你不反思自己的能力、为人，却认为对方采取了不正当的竞争手段，便四处造谣生事，损害对方的声誉。这样一来，不仅伤害了同事之间的感情，还会让其他同事对你产生不好的印象，得不偿失。

所以，与人沟通交流的时候，要注意自己说话的内容，不说不合适的话，不说伤害别人的话。这样才会收获更多的朋友和信任。

说话不自傲，永远有听众

著名哲学家王阳明曾经说过：“人生大病，只是一‘傲’字。”国外的巴普洛夫也说过：“决不要陷于骄傲。因为一骄傲，你们就会在应该同意的场合固执起来；因为一骄傲，你们就会拒绝别人的忠告和友谊的帮助；因为一骄傲，你们就会丧失客观标准。”这几句话有异曲同工之妙，都警示我们做人不骄傲，方能有朋友；说话不自傲，永远有听众。

说话自傲，体现在口头语言、语气、肢体语言等细节上，它没有直接的呈现方式，有时候自傲的人不自知，反而会自我感觉很谦虚，觉得自己没有说狂妄的话，压制了自己的傲气等，但是你说话时的语气、语调，甚至肢体语言都是个人状态的载体，都会反映一个人说话时的心理状态。

火爆荧屏的《欢乐颂》中，樊胜美第一次约见王柏川，穿着得体的衣服，画着合适的妆容，一颦一笑都风情万种，努力在王柏川面前扮演成功人士、魅力女神。虽然双方说话沟通内容都很正常，但是樊胜美的一举一动都在展示着自己的自傲，给王柏川"冰山美人"的感觉，虽然美丽，但无法让人靠得太近。

所以，与人交往要怀有一颗谦卑的心，而说话是个人态度最直接的体现，所以与他人交流时，要摆正心态，不自傲，找准自己的定位，这样才能与对方进行正常的沟通，也就会收获越来越多的朋友。

读故事，悟情商

从1801年到1809年，托马斯·杰斐逊担任美利坚合众国的第三任总统。他在位期间，为美国的建设作出了巨大的贡献：在他的主持下，《美国独立宣言》被起草出来，宣告美国正式独立；他组织购买了法国的路易斯安那州，自此，美国的国土近乎扩大了一倍；他创办了弗吉尼亚大学，为国家培养了大量的精英人士；他大力发展资本主义工业，促进美国经济的发展。后人对托马斯·杰斐逊的评价极高，大家都认为托马斯·杰斐逊是最具影响力的美国开国元勋之一。在美国的历届总统中，他被认为是智慧最高者。

这么伟大的一个人，却是极其谦逊的，他有骄傲的资本，但是在他的身上，却看不到一丝自傲的痕迹。

1785年，42岁的托马斯·杰斐逊时任美国驻法大使，接替富兰克林先生的职位。交接完工作后，托马斯·杰斐逊第一时间去拜访法国的外长先生。

法国外长见到新任的美国驻法大使，说道："您代替了富兰克林先生？"

托马斯·杰斐逊听到后，赶忙回答道："先生，没有人能够代替得了富兰克林先生，我只是接替他。"法国外长听完杰斐逊的话，感受到了杰斐逊的谦逊品质，对杰斐逊好感倍增，印象深刻。此后，两人沟通顺利，私下也成了很好的朋友。

试想，如果杰斐逊听到外长的话，如此回答："是的，先生，富兰克林先生已经调任其他岗位，我替代了他在法国的位置，以后我就是美国驻法大使，希望我们合作愉快！"话语中有傲慢的情绪在，会给人不舒服的感觉，令对方产生反感，结果肯定会影响后续的合作，与之工作交流都感觉对方目中无人，不好相处，更别说私下的关系了。正是杰斐逊谦逊的品质，与他接触的人都愿意听他讲话，与他交朋友，随着时间的推移，他的身边聚集了大批愿意为之效力的朋友，成就了他后来的辉煌。

优秀的托马斯·杰斐逊都如此谦逊，作为普通人的我们，有什么资格可以自傲呢？

点亮自己

"自傲"是一种状态，体现了自己对对方的态度；"自傲"是人际沟通交往中的冰块，让对方感受到寒冷，不愿与你接近。作为社会生活中的我们，如何说话不自傲，交到更多的朋友呢？

第一，说话内容不狂妄。与人沟通时，说话的内容要能正确表达自己的意思，做到词能达意，不说狂妄的话。有些人在与人沟通时，不能正确认识自己的位置，觉得自己无人能敌。例如，夜郎国王曾经问部下：“世界上哪个国家最大？世界上还有比我们这个国家的山更高的山吗？我们国家的河流是世界上最大的河流吧？”下属为取悦国王，都异口同声地表示赞同。后来，汉朝使者来到夜郎国后，发现还没有汉朝一个县大的国家竟然如此自大，无知到这种地步。这也就是后来所说的“夜郎自大”的故事。这就告诉我们，与人沟通说话时，说话的内容要靠谱，不夸张，不狂妄，否则就是无知的表现。

第二，说话语气不自大。语气是通过句式和吐字的轻重来体现，带给人的是一种综合的感受。与人沟通时，提到自己时，要谦逊，避免出现“我是不是特别厉害”“还有谁能比我更厉害”之类的反问句，或者“除了我，别人肯定做不好”“我就是唯一”之类的肯定句。这类句式会给人骄傲自大的感觉，让听者感受不到真诚。

第三，肢体语言要注意。说话时，不经意的肢体语言也能透露出自己的情绪。如果对方与你沟通事情时，你一直翘着二郎腿，磕着瓜子，或者抱着膀子，晃着大腿等，这会让对方感受到被轻视，给人留下难以沟通和自大自傲的印象，甚至让对方产生反感。

先思后言，说话有分寸

俗语云："智者先思后言，愚者先言后思。"说话要谨慎，不能信口开河，要养成先思后言的习惯。

有一个寓言故事是这样讲的：一个国王，动用大量的物力和财力，安排大臣去民间寻找世界上最好的东西。大臣历尽千难万险，终于回来了，他禀告国王："大王，我知道了，世界上最好的东西是舌头。"国王听后思考了一下，满意地点了点头。他又让大臣去民间，这次寻找的是世界上最坏的东西，大臣依旧不辞劳苦，经历困难险阻，回来了，大臣向国王禀告："报告陛下，我把世界上最坏的东西找到了，原来世界上最坏的东西也是舌头。"国王略微思考了一下，哈哈大笑，满意地赏赐给大臣无数的金银珠宝。

这个寓言告诉我们，世界上最坏的东西是舌头，最好的东西也是舌头。可见，一个人说话时，先思后言，把握好分寸，那么你的舌头就能说出世界上最好的话语；相反，如果一个人说话时信口开河，不思考，掌握不好说话的分寸，那么，他的舌头将会说出世界上最坏的话语。

因此，我们在与人沟通交流时，说话前要先思考，根据对方的心情和境况，确定合适的沟通方式，不说不确定的事情，不说别人的秘密，掌握好说话的分寸。例如，一个销售人员向客户销售自己的产品，首先应该征得客户的同意，确认客户此时有时间听你说话再进行下一步的沟通，特别是需要留下客户的联系方式时，如果你说："麻烦你把联系方式留一下吧，我们会定时和你电话沟通。"客户听到这句话，肯定不愿意将自己的联系方式留下来；如果你说："您好，我们会不定时做回馈顾客的活动，每个顾客都有获奖机会，您可以把联系方式留一下，方便我们通知您来领奖品。"这样顾客一听，会立即产生兴趣，并主动留下联系方式。

所以，作为社会一员的我们，要把握好与人沟通时说话的分寸，先思后言，从而达到事半功倍的效果。

读故事，悟情商

徐阶是明朝历史上有名的臣子，他从嘉靖三十一年入阁，此后担任了十七年的内阁大学士。当时的朝廷被严嵩父子把持，他们党羽众多，媚主、整人、弄权、索贿，做了很多丧尽天良的事。由于自身实力不够，徐阶隐忍不发，表面上与严嵩父子维持正常的关系，甚至还为严嵩父子求情，只为等待合适的时机。

入阁十年后，命运终于向徐阶招手了。嘉靖四十一年，万寿宫失火后，严嵩主张皇帝搬去重华宫居住，严嵩的马屁忽略了一点，重华宫是英宗被软禁的地方，嘉靖心想："让我搬到重华宫，是要将我软禁起来吗？"因此，严嵩逐渐失去了皇帝的信任。

徐阶敏锐地感受到了皇帝的心思，他安排自己的门生弹劾严嵩的儿子严世藩，严世藩被抓后并不惊慌，而是暗地找人打点，让三法司

将自己的罪行判成陷害忠良。这里的忠良指的是沈炼、杨继盛，这两个人其实都是被皇帝下旨处死的，如果严世藩被判处谋害沈炼、杨继盛的罪名，那么就是否定皇帝的决定，这在当时明朝的法制下是大罪。

其他人看到严世藩定罪的文件，都非常欣喜，心想严家终于要倒台了。只有徐阶，看到严世藩的文件，认真思考后，给嘉靖皇帝上奏折，将严世藩的罪名定为作乱和通倭，严世藩在牢里等着被释放，没想到百密一疏，被徐阶奏成了杀头之罪。自此，严家父子正式退出明朝的舞台。

徐阶处于复杂的政治斗争中，说话更是慎之又慎，每句话都是在深思熟虑之后才说出口。因此，在与严嵩父子斗争的过程中，张居正失败了，沈炼、杨继盛失败了，只有徐阶成功了。

他的谨慎不仅为自己赢得了安全、成功，还为明朝臣子赢取了安宁。虽然这一切都已成为了历史，但是我们依然处在社会中，人与人之间的沟通尤为重要，所以，我们应向徐阶学习说话之道，说话前深思熟虑，先思后言，并把握好说话的分寸，这样才能赢得尊重和成功。

点亮自己

有句谚语说道：“别给舌头太多的自由，免得使你自己被动。”这句话提示我们说话时不能冲动，要三思而后言，给舌头安上约束的笼子，有分寸地说话，否则说出来的话不仅会伤害到对方，还给自身带来不利的影响。

你的老同学跟你聊微信说道：“周末有时间吗？我准备去你工作

的城市玩一次。”你不假思索地回答道：“来呗，欢迎欢迎，郑州这几天雾霾特别严重，我都觉得好绝望。”结果，对方听到这样的话肯定会想，“雾霾会不会只是借口？你是不是不欢迎我过去呢？”这样不过大脑的话，不仅让对方心存误会，影响双方的感情，还会影响你在对方心目中的形象。所以，我们说话时必须做到以下两点：

第一，说话要有思路。说话前要整理好说话的思路和方向。这就要求我们说话前要先思考，根据具体的情境采用合适的思路和方式进行沟通，以达到事半功倍的效果。例如，与有留学背景的人沟通，说话要直接简洁；与女生沟通，要多关注对方的生活习惯和禁忌等。

第二，说话要识利弊。说话时要有分寸，知道利弊，不说不合适的话，否则易造成尴尬。例如，你和同事聊娱乐圈的八卦，某个明星又离婚了之类的，结果，你口若悬河地将离婚的女明星批得一无是处，诸如自私、不考虑孩子之类的，说着说着，突然想起来和你聊天的同事也是一个离婚的单身妈妈，结果气氛立马就尴尬了起来。

因此，与人沟通时，要维持融洽的氛围必须学会先思后言，有分寸地说话。

第二章

妙语有术：把话说到对方的心坎上

说话的最高境界是把话说到对方心坎上，让对方因为你的一句话而为之一振，激动不已，乃至对你刮目相看，那么，我们该怎么说才能达到这种效果呢？

换位思考，再开尊口

孔子曰："己所不欲，勿施于人。"教导我们自己不想做的事，不要强加给别人，这就是高情商的人必须具备的同理心，特别是与人沟通时，要从两个方面践行换位思考。一方面，感受对方的感受。通过换位思考，感受对方所处的情境，所面对的压力、困难等，说对方受用的话，把话说到他的心坎上，甚至可能会让他感动得热泪盈眶；另一方面，感受自己的感受。明白自己不喜欢什么或者喜欢什么，与人沟通时，根据自己的经验说出对方期待的话，可规避对方的雷区，达到一针见血的作用。

情商高、有智慧的人会将换位思考巧妙地运用到自己的生活中。罗斯福曾任海军助理部长，期间，一位老友来拜访罗斯福部长，聊着聊着俩人聊到了国家在加勒比海的某个小岛上建立海军基地的传闻。朋友对罗斯福说道："你能告诉我，传说中的海军基地的事情是真的吗？"

罗斯福说："你能对不能外传的事情保密吗？"

他的朋友坚定地回答道："能。"

罗斯福笑着说："那么，我也能。"

朋友哑口无言，再也不追问海军的事情了。罗斯福通过巧妙的对

话，让对方感同身受，让对方意识到自己的立场，这样比直接拒绝更合适。

读故事，悟情商

上个世纪，黑人由于肤色问题而被白人奴役、歧视。在美洲、非洲等国家，采用的是“种族隔离”政策，黑人有专属的餐厅、公交车、住宿区域等，而且黑人被禁止越过界限，否则将会受到法律的惩罚。那时，黑人生存条件差，生活环境恶劣，忍受着社会对于他们的种种不公平。

一天，一个白人女孩去海边度假，在洒满阳光的沙滩上，女孩儿惬意地睡着了。一觉醒来，太阳已经落山，女孩摸着饿得咕咕叫的肚子，准备找一家餐厅吃饭。

她推门进入一家餐厅，找了一个位子坐下。一直等了15分钟，也没有侍者过来招呼她，她看着忙碌的餐厅服务员，发现比自己晚到的顾客都已经吃上了饭。她怒火中烧，决定向餐厅讨个说法，去质问为什么没有人理她！

她站起身，去找侍者，突然，她看到面前的镜子，镜子里的自己让她大吃一惊。原来，因为晒了太长的时间，她的肤色变得和黑人有些相像！所以一直没有侍者过来招呼自己。她切身体会到了黑人被歧视的滋味，同时留下了苦涩的泪水。

故事中的女孩虽然被迫换位思考，但是她却从中悟出了很深刻的道理，可以说这件事对她的冲击力很大，她感受了没有切身经历根本无法理解的感受。因此，在日后的生命中，她一直致力于消除种族歧视，还黑人一个平等的生存环境。

中国的佛教书籍《杂宝藏经》中记载着这样一个传说：古代有一个波罗奈国的国王歧视老人，并宣布了一个针对老人的法律规定，规定要求每个家庭中的父亲60岁后，要穿着破鞋子看门守户，不从者就要受到严厉的惩罚。

有对兄弟的父亲，到60岁时，大哥让弟弟拿双破鞋给父亲换上，并让父亲去看门。弟弟从屋里拿了3双破鞋出来，说："我们以后也会老到60岁，我提前把咱俩的鞋也拿了出来。"兄弟两个想到自己也要过这种被歧视的生活，心里很不是滋味，他们勇敢地找到国王，将心比心地说明情况，国王想到自己到60岁时也要过这样的日子，就废掉了这项不合理的规定，并提倡子女要孝顺父母。

点亮自己

换位思考是高情商最重要的一个体现。换位思考让人产生同理心，能够理解他人的处境，理解他人的情绪，明白他人的需求，从而说出符合对方期望的话语。这样，双方的沟通就会顺利进行，并且，学会换位思考的人将会收获更多的朋友。

换位思考是一种情感能力，做到换位思考后说的话能够说到对方的心坎上，解决主要矛盾，从而达到一针见血的效果。学会换位思考，要做到以下几点：

第一，理解别人的处境。理解别人的处境，才能知道说话应注意的敏感点，避免碰触对方的雷区。例如，约的客户没有准时到，你应

该想到对方可能正在赶路，可能在堵塞的环路上，或者在拥挤的地铁里。此时应该多点耐心，多等一会儿。如果你一直打电话催促，不仅耽误对方赶路，还会加剧对方的恐慌感，影响对方的心情。

第二，理解别人的情绪。理解别人的情绪，才能心平气和地进行沟通。如，对方与你说话时有些心不在焉，你可能会对对方产生偏见。此时，换位思考找原因，可能对方心中有事，例如孩子生病了之类的，或者是对方在担心工作方面的问题，搞清楚之后，就能理解对方的情绪，从而对症下药，促进沟通的正常进行。

第三，理解别人的需求。理解别人的需求，说话才能有吸引力。有些人虽然是话讲了一大堆，但是听者根本没有听进去。如果你了解对方的需求，说话时有针对性，比如，与准备结婚的同事聊天，可以说些与准备婚礼相关的事情，因为这个内容是对方目前需要的，从而抓住对方的注意力。所以，理解别人的需求，可以增加说话的吸引力。

换位思考可让我们感受到对方的需求、情绪、所处的情境，从而说话时更有针对性和准确性，自然就能增加个人说话的魅力，这是高情商的人必备的素质。所以，我们平常说话时一定要做到换位思考，再开尊口。

真正的说话直爽，前提是尊重

“我说话比较直，你不要介意。”这句话是不是很熟悉，有没有从你口中说过？其实，就是这样一句看似予以点评和建议的话，往往就能深深地伤害到对方的自尊心。

“小王，你为什么找了个学历那么低的男朋友，这样不利于以后的家庭生活，沟通起来也有问题，建议你找个跟你一样学历的人。你看，我和我老公都是重点大学毕业的，我们的生活非常幸福。我说话直，你不要介意啊！”或者“小美，我说话直，你不要介意啊，给你提个建议，你割的双眼皮不好看，还不如不割呢，白受罪了。”

对不起，我还真的比较介意！

很多人以直爽之名，肆意评价别人，强迫别人听你说话，接受你的观点。这不是直爽，是毫无顾忌地对别人评头论足。真正的说话直爽，前提是尊重。你可以提出建议，但是要尊重对方的选择；你可以说出自己的看法，但是要尊重别人的决定。这是一种修养，是与人沟通交流中的基本礼貌。

情商高的人，说话虽然直爽，但是直爽得可爱，让人感觉到坦率；情商低的人，说话名义上是直爽，其实是为自己口无遮拦的评判找借口，让人反感。真正的高情商，即使说话直爽，也会遵循一个前

提，就是对对方的尊重。

《欢乐颂》中的安迪，从小在美国长大，说话直爽坦率。第一季中，关雎尔工作压力很大，自觉得比不上同进公司而且学历更高的同事，她向安迪说出自己的苦恼，安迪对关雎尔进行了很坦率的点评，她说关雎尔是一个好员工，只是条条框框太多，但是如果她是老板，她喜欢这样的员工。安迪的话并没有直接否定关关的能力，反而真实地说出自己对她的看法，而且有理有据，让人信服，没有一丝的反感。这就是真正的直爽，看透事情本质，表述中充满对对方的尊重和善意的见解。

读故事，悟情商

《水浒传》是我国四大名著之一，梁山英雄的故事感染了很多人。《水浒传》中的宋江，绰号“及时雨”，他扶危济困，大家都愿意和他交朋友，在梁山上大家都愿意听他的话，原因就在于他情商高。不夸张地说，他可以称得上梁山好汉中情商最高的人。与宋江的高情商形成鲜明对比的是“黑旋风”李逵，他性情直爽，口无遮拦，说话做事大大咧咧不动脑子，有时甚至因为太过直爽的说话给自己和他人带来灾祸。

一天，李逵和燕小乙在回梁山的路上借宿一个民家，听此户人家说后院闹鬼，热心肠的李逵不相信世界上有鬼，就答应帮老汉捉鬼。果然不出所料，这女鬼实际上是人扮的，而且是此户人家的女儿。众人疑虑，问起缘由，老汉女儿说，梁山贼寇要强迫自己嫁到山上当压寨夫人，她不从，也没有能力与之抗衡，无奈就装神弄鬼，靠此躲过贼寇的惦记。细细再问女子，原来此梁山贼寇不是别人，正是宋江和鲁智深。

李逵一听，气冲冲地找宋江算账，燕小乙觉得其中必有误会，但无奈拦不住这头“大铁牛”。李逵来到梁山，当着众兄弟的面儿，指着宋江就骂：“宋江，你强抢民女，人家不从，你还杀人放火，俺要砍了你这个好色忘义的大骗子！”并怒砍杏黄旗。

宋江何等身份，让李逵当着众多兄弟的面儿指鼻子大骂，觉得颜面尽失。但是，为弄清楚原因，他从燕小乙处了解了事情的经过，并让李逵下山将事情查清楚再说。气呼呼的李逵还立下军令状，若自己冤枉了宋江，就让宋江砍了自己的脑袋。

事实证明，确实有人冒充宋江和鲁智深在外作恶，李逵明白真相后，后悔自己的口无遮拦，不但让宋江丢了面子，惹宋大哥生气，还冲动地立下军令状……

故事中，李逵的行为便是一种低情商的表现，他说话直爽，纯属口无遮拦，也不考虑对方的感受，最终让自己尴尬。

点亮自己»

直爽说话是一种高效的沟通方式，但是要把握基本的前提，就是尊重他人。坦率的直爽是一种美德，口无遮拦的直爽让人讨厌，直爽如安迪，让人觉得可爱；直爽如李逵，有时让人反感。所以，要想成为高情商的人，说话直爽要在尊重他人的前提下，需要做到以下两点：

第一，尊重他人隐私。直爽不是口无遮拦、肆无忌惮，如果打着说话直爽的名义，当面和他人谈论对方的隐私，会招致别人的反感，

如："听说你又和你老公吵架了，还准备离婚？坦白地说，我觉得你不应该这样做的，你老公对你多好啊，离婚后很难找到更好的了，千万不要离。"他人的私事如果愿意与你分享，会主动告诉你，如果对方不说，不要对他人的私事进行评论，否则既让对方觉得不自在，也会因此变得讨厌你。情商高的人，即使直爽，也不会大肆讨论他人的隐私。

第二，尊重他人的决定。直爽不是抨击他人的决定，而是提出自己的合理看法供对方参考。如：朋友决定开一家咖啡馆，咨询你的建议，你说："你怎么想的啊，开咖啡馆投入很大的，而且资金回收周期特别长，我觉得你的决定有误。另外，我说话直，你不要介意啊……"即使你后面做了补充，朋友听了肯定心情也会不好，正确的做法应该是中立地说出自己的看法，并将自己的顾虑和理由充分地表达出来，而不是以直爽之名抨击对方的决定。

到什么山上唱什么歌

卡耐基是美国著名的人际关系学大师，关于如何说话，他曾经说："掌握神奇机智的语言应变技巧，无论是对演讲还是对于谈判来说，都具有重要的作用。"卡耐基的这句话提示我们说话要懂得变通，要根据听话者的实际情况说合适的话，也就是"到什么山上唱什么歌"。

你有一位朋友，他是一位有神论者，而你在他面前大肆宣扬无神论，挑战对方的信仰，那么，对方一定会感到气愤；或者你明知对方是一位素食主义者，聊天时你却极力推荐对方去一家好吃的烤肉店吃饭，对方不但会拒绝而且还会心生厌恶。

与人沟通前，要先了解对方的背景，如职业、爱好、禁忌等，说话时根据对方的详细情况，找准聊天的关键点，这样才能让对方感受到舒服和愉悦。如果事前没有办法了解对方的背景，那么说话时多说好听的话，避免讨论敏感的话题。

情商高的人，与人沟通前都会对对方的情况做一个大体的掌握，然后投其所好，以进行高效的沟通，从而达到良好的沟通效果。

读故事，悟情商

战国时期，赵国的赵太后刚接管国家政权，秦国趁赵国新政权不稳，便出兵攻打赵国。赵国无奈，派人向齐国求救，齐国回复道："让赵太后的儿子长安君来齐国做人质，我们才出兵。"赵太后非常宠爱自己的儿子，坚决拒绝齐国的要求，并生气地对大臣说："谁敢再进谏让长安君去齐国做人质，我一定向他的脸上吐口水！"

大臣们看到赵太后真的生气了，都不敢继续劝谏。一天，触龙要求晋见太后，太后心想触龙一定是过来劝说自己的，于是特别生气。触龙见到赵太后，并没有说到长安君的事情，而是先和太后聊了一下身体情况，并关心地问太后的饮食，太后听后，脸色缓和了很多。触龙见状，对太后说："我有个小儿子，今年十五岁了，我非常疼爱他，但他不成器，而我又老了，今天过来求您，让我的小儿子去黑衣卫士

队里保卫王宫。”

太后听后满口答应了，并笑着问道：“看来你也溺爱自己的孩子啊，男人也是如此吗？”听到太后聊起了孩子的话题，触龙接着说：“男人比女人更爱自己的孩子。父母都爱自己的孩子，而且为孩子考虑的都比较长远，像您对待已经出嫁的女儿燕后，出嫁时您不舍得女儿走，伤心地哭泣。但是送走以后，每逢祭祀都祈祷女儿不要回来，不是不想念她，而是希望她在燕国有子孙当上皇帝，过上更好的生活。”太后认同地回答道：“是这样的。”

触龙看到太后已经没有了防备，接着说道：“太后，您看赵国初期被分封的诸侯现在基本没有在侯位的了，因为他们虽然地位高贵，但是没有为国家立下功劳。长安君也是一样，现在长安君有封地、宝器，优越的生活，但是却没有趁这个机会为国家立功。一旦您以后驾崩了，长安君靠什么在赵国继续立身呢？要我说啊，您对长安君的爱还不如对燕后的爱呢，因为您没有为他考虑长远的事情。”

赵太后听后，思考了一下，点头说道：“你说的对，那就让他去齐国做人质吧。”于是，经过触龙的劝说，长安君顺利地到齐国做了人质，齐国也按约定出兵帮助赵国对付秦国。

故事中的触龙，面对态度坚决的赵太后，通过分析赵太后的心理，找到赵太后爱孩子的特点，由浅入深、由此及彼，劝说赵太后，并成功达到自己的目的。触龙与赵太后的对话深刻践行了“到什么山上唱什么歌”，将话说到了赵太后的心坎上，因此才让对方信服和接受。

点亮自己

不同的人，由于成长环境不同，会形成不同的价值观；有些人由于所处的境况不同，对事情的看法也不同，不同的人的观点甚至会南辕北辙。鲁迅曾经说："弱不禁风的小姐，出的是香汗；蠢笨如牛的苦力，出的是臭汗。灾区的难民，大抵不会去养兰花，像阔人家的老太爷一样。美国的石油大王，哪里知道北京捡煤渣老婆子的酸辛。"因此，不同的人对于事情的关注点和出发点不同，会产生不同的观念，这就要求我们说话时学会到什么山上唱什么歌，也就是所谓的"见什么人说什么话"，这样才能把话说到对方的心坎上，才不会在沟通中碰钉子。

高情商的人，都会审时度势，根据对方的情况说出合适的话，如何做到像触龙一样"到什么山上唱什么歌"呢？你需要做到以下两点：

第一，说话前，了解对方的背景。一个人的背景构成了此人的价值观和世界观，所以，与人沟通前要先了解对方的背景资料。一个人的背景包括很多，如年龄、性别、教育、工作经历、爱好、禁忌等，这样说话时，才能投其所好，准备对方感兴趣的话题，以唤起对方的好奇心。如对于农村长大的孩子，不要聊各种牌子的奢侈品，否则，引不起对方的共鸣。

第二，说话时，弄清对方的情绪。说话时，要根据对方的情绪情况说合适的话。如果聊天时，对方刚和别人吵过架，那么此时不宜用过分欢快的事情开场，而是先要对其进行安慰，再过渡到谈事情上。

高情商的养成需要自身的努力和培养，说话时尤其要关注对方的

情况，看菜吃饭，量体裁衣，见什么人说什么话，才能把话说到对方的心坎上。

看他人举止表情而语

《奥妙的人体语言》一书中写道："无声的表情具有的交际效果是有声言语的五倍。"由此可见，举止表情传递出的信息量更大，例如对方看了一下手表，你就要想到对方是否有别的安排，然后要主动告辞；如果对方听你说话时皱起了眉头，那就传递出你说的话题不符合对方的胃口，此时要及时更换话题；如果你去领导办公室，对方看着你向沙发处招了招手，意思是你先坐那里等一下。

不同的举止表情代表不同的心理活动，这是一个复杂却又极有力量的传递信息的渠道，《生活大爆炸》中的谢尔顿就是因为不会察言观色，常常搞不清楚对方说话的意图，往往说出令他人崩溃的话。情商高的人，说话时会特别关注对方的举止表情，并根据对方的反应调整自己说话的内容和形式。

读故事，悟情商

《红楼梦》中有一位特别会说话的主儿，就是王熙凤，她凭借自己的高情商，在"生齿日繁，事务繁盛"的荣国府中当了十年的当家人，掌握着全府的财政大权。她能在"钟鸣鼎食""主仆上下、安富

山石滑落
请勿靠近

尊荣”的环境里，打点上下，重要的一个原因在于她会说话。贾母说她：“再要赌口齿，十个会说的男人也说不过她呢！”宝玉也曾经说：“若说老太太只喜欢会说话的，那只有凤姐和林妹妹可疼。”更重要的是，王熙凤极会察言观色，看他人的举止表情而语，不仅哄得贾母开心，为她撑腰，还说得其他家人心服口服。

黛玉刚到贾府时，王夫人怜惜黛玉，问道：“是不是应该拿料子做衣裳啊？”王熙凤看到王夫人对林黛玉的关切，连忙说道：“我早都预备下了。”其实她并没有提前预备下，只是根据大家对黛玉的态度随机应变，既显示自己对黛玉到来贾府的看重，也让王夫人对她办事感到放心。

还有一次，邢夫人想要向老太太要一个身边的丫鬟鸳鸯给老爷做妾，她先找到王熙凤商量，王熙凤听到邢夫人的话，说道：“别去碰这个钉子，老太太离了鸳鸯，饭也吃不成了。”并对邢夫人说：“太太别恼，我是不敢去的。”意思是邢夫人的打算根本行不通，老太太不会同意的。

邢夫人听到王熙凤的话，非常不高兴，脸一下冷了下来。王熙凤看到邢夫人的态度，知道邢夫人生气了，明白自己说的话不对邢夫人的胃口，她赶忙又说道：“我能活了多久，知道什么轻重？想来父母跟前，别说一个丫头，就是那么大的活宝贝，不给老爷给谁。”意思是自己刚才说的话不知轻重，老爷如果想要鸳鸯，老太太肯定同意，还举了贾琏的例子，让邢夫人放心，老太太肯定会同意她的要求。邢夫人因此又高兴起来。

同样的一件事，王熙凤根据邢夫人的态度，说了两个完全不同的说辞，而且都有理有据，让人信服，可见，王熙凤说话的功力有多深，她能看别人表情举止而后言，所以才能赢得大家的喜欢。

点亮自己»

情商高的人会察言观色，根据对方的表情举止而言，不说让对方反感的话。这是一种说话技巧，马卡连柯曾经说过：“只有学会在脸色、姿态和声音的运用上能作出二十种风格韵调的时候，我就变成一个真正有技巧的人了。”可见，说话时不同的言行举止蕴含了很大的信息量。

与人沟通时，要采用令对方舒适的方式进行沟通，这样才能保证说话的顺利进行。但是，不但有声的语言蕴藏信息，无声的举止表情也蕴含丰富的信息，听懂有声的语言容易，但读懂无声的举止表情却需要洞察力和判断力。有的人乐观开朗，喜形于色，很好对他的意图做出判断；有的人经验丰富，波澜不惊，只有通过最细微的表情变化或举止来判断他的情绪。但是，只有了解对方举止表情背后的真实情绪，才能根据对方的情况对沟通方向和内容做出调整。学会看他人表情举止而语，需要做到以下两点：

第一，关注对方的面部表情。人的面部表情多而杂，现在社会上还有“微表情专家”，通过人物面部表情的变化，揣测人物的内心活动，这些知识需要积累，我们与人打交道时，要多看相关方面的信息和知识，结合自己的积累，运用到日常与人沟通的过程中。与人沟通时，要特别注意对方的眼睛，《孟子》一书中讲道：“存乎人者，莫良于眸子。眸子不能掩其恶。”意思是观察一个人，没有比观察他的眼睛更好的了，眼睛不能掩饰一个人的邪恶。例如，如果对方眼神游

离，就代表他排斥这个话题，此时可以更换新的话题。

第二，注意对方的肢体语言。《为什么要提高肢体语言能力》一书中提道："语言只占了沟通中的7%，而肢体语言却占了55%。"由此可见，肢体语言在沟通中占据着重要的位置。所以，与人沟通时，要关注对方的肢体动作，结合对方的话语，了解对方传达的意思。例如，如果对方双手环抱在胸前，说明对方对你有防备心理，此时可以讲些欢快的话题，拉近与对方的距离感。

表情举止是无声的语言，沟通时往往传递出更多的信息。高情商的人与人说话不仅关注对方的说话内容，更会关注对方的表情举止，对对方的心理状态做出正确的判断，以推进沟通的顺利进行。

分享悲惨，给他人疗伤

南宋著名词人辛弃疾在《贺新郎·用前韵再赋》一词中写道："叹人生、不如意事，十常八九。"由此可见，不论古今，人的生活都不是一帆风顺的，时有坎坷也是正常的现象。但是如何对待受伤的心灵，是一个人情商高低的体现。

情商低的人，看到别人受到伤害或者遇到打击，会幸灾乐祸，暗暗得意。例如，同学的一门考试没有考好，非常沮丧，你知道后却说："谁让你不好好复习，一分耕耘一分收获，自己好好反省一下吧。"对方本来就很不高兴，听到你的讥讽，肯定更加难受。

情商高的人，在别人遇到挫折或者不如意的事情时，不但不会嘲笑对方，还会第一时间给对方送去安慰，甚至分享自己的悲惨经历，使对方重新树立信心，获得勇气。例如，同事由于项目方案做得有问题，被上司狠狠地批了一顿，心情很不好，感觉自己能力有限，非常没有信心，你给同事倒了杯热茶，并安慰他说："你不要放到心上，领导就是这个脾气，上次我的方案比你做的还差，他足足批评了我半个小时，比你这时间长多了，后来我将方案按他的要求修改了，他又表扬我了。所以啊，你不要灰心，打起精神来，你的水平可比我高多了。"对方听到后，心里暖暖的，也会感受到巨大的安慰。

如果别人正在经历生活中的不如意，与之沟通时，多说自己的悲惨经历，不但起到安慰对方的作用，还能拉近彼此间的距离，获得对方的信任。

读故事，悟情商

王先生是公司销售部的部门经理，负责部门运营和员工的管理。一天，公司通过校园招聘为销售部招聘了一名新员工小李。小李刚毕业，且没有工作经验，公司安排小李去销售部门报道。

王先生介绍小李熟悉部门环境和公司的同事后，安排小李参加公司的业务培训。转眼一个月过去了，小李对部门的各项业务都比较熟悉了。为锻炼小李的胆量和能力，王先生约了一个公司的老客户，并提前告诉小李由他自己单独接待，让小李提前做好功课。

小李见到客户后与客户进行交谈，期间，他明显感觉客户的不耐烦。最后，客户婉转地说："小李，你这个人性格比较内向，我感

觉你不太适合做销售，你可以跟领导沟通一下。”小李听到客户的话，非常沮丧，他找到王先生说：“王经理，对不起，我今天的表现不好，明显感觉到客户不太满意。另外，客户说我不太适合做销售，我真的有那么糟糕吗？”

王先生感受到小李的失落和不自信，连忙安慰道：“小李，你很优秀，不要太在意别人的看法。你要知道，你这是第一次见客户，能聊到最后已经很好了。你知道吗？我第一次见客户的时候，比你差远了，当时由于客户的一句话，还和客户吵了一架，结果给公司造成了损失，还被公司领导通报批评了。逐步改进也就走过来了，你还年轻，有很多的时间去提升自己，不要沮丧，多总结，多反思，未来你肯定会做得更好的！”

小李听到经理的话，非常感激，他按照经理的话，总结反思，并运用到下次的实践中，一直在进步。

王先生通过向小李分享自己年轻时候的悲惨经历，安慰小李受挫的心灵，不仅拉近了与小李之间的距离，还帮助对方树立了信心，赢得小李的信任。

点亮自己»

面对心灵受伤的人，如何说话能体现一个人的情商。当对方受到挫折和打击时，我们说话要注意言辞，如果此时，你毫无顾忌地大谈自己的成功史，并指责对方的错误做法，不仅不能安慰别人，还会在别人受伤的心灵上撒盐，让人更加沮丧。例如，朋友工作中遇到了困难，面临失业风险，作为好朋友的你却这样对朋友说：“你咋这么不顺利，都换好几个工作了，还是不行？我很不理解你的行为”等之类的话语，那么你的朋友肯定会更加伤心，甚至自此之后不再和你做朋友。

针对辛弃疾的词，方岳在自己的诗《别子才司令》里做了延伸，他写道：“不如意事常八九，可与人言无二三。”这句话说明不如意的事有很多，但是只有很少的事情可向别人诉说。然而高情商的人说出的话会让对方感到舒服和自在，不仅让人愿意与他分享快乐，还愿意分享悲伤。那么，与处在人生不如意阶段的人沟通，应该怎样说话才能说到对方的心坎上呢？

第一，要保护对方的自尊心，不说责备对方的话。正在经受挫折的人，自尊心往往更脆弱和敏感，此时，要多说安慰的话，不说责备对方的话，否则会让对方更加难受。例如，朋友遇到了困难，你应该这样说：“这不是你的错，你不要太自责，生活还要继续，要调整好心态，面对新的挑战。”

第二，分享自己的悲惨经历，重建对方的自信心。挫折和失败往往会打击当事人的进取心，令人失去自信。此时，高情商的人往往会通过分享自己的悲惨经历，给予对方重新开始的信心和勇气。

与情商高的人交流会让人感受到温暖，特别是在别人遇到不如意的事情时，情商高的人说话，不但会安慰对方不要自责，还会通过分享自己的悲惨经历，帮其重建自信心。

分享喜悦，带上他人

关于分享，有人说过这样的话："分享是一座天平，你给予他人多少，他人便回报你多少。相反，如果你是一个自私的人，那么你就永远也不会得到真正的快乐，永远交不到知心的朋友！"由此可见，分享不但能使别人收获喜悦，还会让自己收获快乐。高情商的人当然明白这一点，他们在分享喜悦的时候，会带上其他人，这样可以让喜悦加倍。

居里夫人就是深谙分享之理的人。居里夫人为提取纯净的镭，她不辞辛苦，殚精竭虑。其实，所谓的实验室只是一个废弃的棚子，实验的器具是自己找来的废锅，本来美丽的居里夫人在一次次的实验中被酸碱侵蚀了双手和衣服，虽然工作环境清苦，但最后终于发现了放射性元素——镭。她本来可以申请专利，并因此获取大量财富，而她却将提取方法公之于众，造福人类，这是无私的分享，让世人铭记。

说话也是如此，当你取得成功，享受成功的喜悦时，不要忘记与他人分享，谢谢他人的帮助和支持。例如每年的奥斯卡颁奖典礼，获奖的人发言时，首先会感谢帮助过自己的人，谢谢他人在自己成功路上的付出，这样一来获奖不只自己感到高兴，还让帮助过自己的人感到欣慰。所以，分享喜悦时说话要带上他人，让喜悦加倍。

读故事，悟情商

大二上学期，学校组织了大学生“挑战杯”活动，感兴趣的同学都可以报名参加。张同学召集了班里的另外三个同学，组建了一个小组，按照学校的要求参加“挑战杯”。

其间，他们四人从做计划、写方案到设计问卷并发放、回收问卷、处理数据，最后形成参赛作品都亲力亲为，并主动联系自己的同学解决问题，四个人都付出了很多的心血。不出所料，他们的作品由于编写严谨、数据详实，具有很强的现实意义，故而被学校评为此次活动的一等奖。学校为表彰在“挑战杯”活动中表现出色的同学，专门召开全体学生会议，对优秀的作品进行表彰。

张同学作为小组组长，代表小组上台介绍自己的作品，并领取学校领导亲自发放的奖状。发言时，张同学说道：“谢谢学校对我的肯定，这个作品凝结了我很多的心血，从设计方案开始，我一直在查找国内外的各种相关资料，利用学校图书馆的学习资源和向其他同学请教，最后完成了这个作品。最后，再次谢谢大家的鼓励，我会更加努力，不辜负学校和老师的期望！”

台下的三位同学听到张同学的话，面面相觑，张同学只强调自己的功劳，没有提其他人的付出，让他们感觉非常不舒服。自此之后，他们三个就开始疏远张同学。张同学虽赢了奖状，却输了朋友。

张同学的做法不值得我们借鉴，他为独享胜利果实抹杀他人的努力，这种做法太狭隘，只会让自己之后的人生路越走越窄。正确的做

法应该在公开场合多提合作伙伴的付出和努力，让大家都能享受到成功的喜悦，这样以后有需要合作的事情，大家才会义无反顾地继续帮忙。

点亮自己»

马克·叶温说："悲伤可以自行料理，快乐的滋味如果要充分体会，就需要有人分享才行。"分享是一种高贵的品质，是一种美德，孔融让梨的故事被人称颂至今。分享喜悦，带上他人，这样可使喜悦加倍，让幸福加码。

情商高的人会让自己的人生路越走越宽，特别是与人沟通说话时，会刻意多提别人的优点。成功的时候，分享喜悦时会强调帮助过自己的人，从而给对方充分的尊重，让对方感受到帮助自己的喜悦，从而在之后的合作中会更加尽力。因此，分享喜悦需要我们做到以下两点：

第一，不吝啬向他人分享。有了快乐和喜悦要学会分享，这样不仅让听者感受到积极向上的态度，还会增进彼此间的关系。如，美国的一个农民种的南瓜在南瓜品种大赛上得了第一名，他乐于分享，回家后就将获奖的种子全部分给了村民，村民们非常感谢他，同时他的做法也避免了差品种的南瓜将花粉传给自己地里的好品种，如此便一举两得。

第二，不忘记他人的付出。分享喜悦时，不能忘记他人的付出，要带上他人。如项目拿下后，你向公司的员工宣布这个喜悦，一定要记得员工们的付出，强调项目的成功离不开各位的努力。这样，才能增加团队的凝聚力，为以后员工们高效做事打下基础。

因此，分享是一种积极的生活态度，是一个高尚的人生品德。高情商的人，分享喜悦时，会带上他人，让喜悦加倍。

第三章

曲线说话：言外之意更有“意”

古有曲线救国，今需曲线说话。在当今交际为王的时代，同样的意思，用不同的方式去传递，展现的效果及得到的结果往往是不同的，也许你一直在用此说话方式，但要用得好用得巧，还需与情商深深地结合起来。

永远不要当面说“你错了”

南怀瑾老先生在《论语别裁》中写道：“据心理学的研究，人对于自己的过错，很容易发现。每个人自己做错了事，说错了话，自己晓得不晓得呢？绝对晓得，但是人类有个毛病，尤其不是真有修养的人，对这个毛病改不过来。这毛病就是明明知道自己错了，第二秒钟就找出很多理由来，支持自己的错误完全是对的，越想自己越没有错，尤其是事业稍有成就的人，这个毛病一犯，是毫无办法的。”所以，如果一个人犯了错误，当有人直接说：“你错了。”那么，犯错误的人不但不会感激，反而会恼羞成怒。

因为在对方看来，你当面说“你错了”就是在批评他，特别是对于事业有成、有地位的人来说，被别人当面指责“你错了”，就是对自己的怀疑和否定，与他自身强烈的认同感相斥，甚至会感觉自尊心受到了伤害。这种情况下，即使对方认识到了自己的错误，明白你的批评是为他着想，他也有可能拒绝接受你的建议。

高情商的人懂得曲线说话，注重维护对方的自尊心。特别是当对方犯错误，需要让对方认识到自己的错误时，高情商的人是不会直接指出对方错误的，也永远不会当面说“你错了”。

在一次车间作业中，车间主任巡视时，发现几个工人在车间抽

烟。要知道，车间是禁止抽烟的，容易引发火灾。此时，车间主任没有直接指出工人们的错误并进行严厉的批评，而是将自己的好烟拿出来，给每个人发了一根烟说：“来来来，咱们一起到外面抽。”

工人们看到这个情景，赶紧说：“主任，我们不抽了，本来车间就是不允许抽烟的。”车间主任的做法不仅让工人们认识到了自己的错误，还没有使用过激的语言，维护了工人们的工作积极性，并拉近了工人与自己的距离。这是一种聪明的做法，他的高情商赢得了大家的尊重。

读故事，悟情商

一天，宋太祖赵匡胤对大臣张思先说：“你此次为君主和国家做出了重大贡献，我决定升你的官，让你做司徒。”张思先听了很高兴，可是很长时间过去了，还没接到宋太祖的任命书。他想当面问宋太祖，又害怕说话太直接把官丢了，就想了一个办法。

张思先找了一匹特别瘦的马骑上，故意与皇帝偶遇。看到宋太祖，张思先赶忙下马向皇上请安。宋太祖看到张思先骑的马特别的瘦，好奇地问道：“为什么你的马这么瘦，是不是没有好好喂？”

张思先回答道：“一天三斗。”皇帝听后更加奇怪了，问道：“喂它这么多，为什么马还是这么瘦？”

张思先回答道：“皇上，我是答应给它吃一天三斗粮，但是实际上并没有给它那么多。”皇上听完，大笑起来。宋太祖赵匡胤非常聪明，一下子就明白了张思先意有所指，第二天就发布了对张思先的任命。

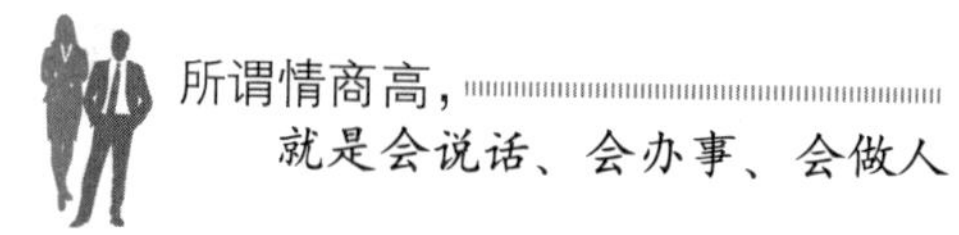

显然，张思先是个高情商的人，他的做法在当代依然有借鉴意义。特别是面对领导的时候，当上司犯错误时，作为下属，更不能直接当面指出对方的错误，而是用适当的方式让上司认识到自己的错误。

同样，高情商的上司面对下属时，如果发现下属犯了错误，也不会当面说“你错了”，而是委婉地说出自己的建议，从而维护下属工作的积极性。

1923年，柯立芝当选美国总统并入住白宫。他有一位漂亮的女秘书，工作中经常因为粗心而犯错。一天，柯立芝看到秘书走过来，说道：“露丝小姐，你今天穿的衣服真漂亮，完全将你迷人的身材显示出来。”

露丝小姐听到总统的夸奖简直不敢相信自己的耳朵，高兴极了，柯立芝接着说道：“但是你不能骄傲哦，我相信你处理工作也会很漂亮，和你本人一样。”女秘书通过总统婉转的话语明白了自己在工作上的不足，从此在工作上格外用心了。

当朋友夸赞柯立芝高情商的说话方式时，柯立芝总统笑着说：“这不难做到，我们刮胡子时，都要先涂肥皂水，之后刮起来就不会痛了。”柯立芝总统说得很对，指出别人的不足和错误，就像刮胡子，要先夸奖，再婉转提要求，这样对方才能顺利地接受。

点亮自己 »

当需要指出别人的错误时，高情商的人会采用合适的说话方法，确保不伤害对方的自尊心，同时也能让对方认识到自己的错误。例如，领导安排给你一个工作，

要你按照要求写一篇发言稿，在即将举行的活动中使用。

你辛辛苦苦、加班加点地完成，并查找了很多的资料，最后将自己的成稿交给领导，领导发现你的方向和角度不对，他如果直接对你说“你的方向不对，你对这次活动内容理解有误”之类的话，此时，你肯定会感到极度的沮丧，而且产生抵触情绪，觉得自己的思路没有错，是上司故意找茬儿。如果此时上司说“你的工作效率很高，文笔也很好，只是这段话需要调整一下”之类的话，你肯定会积极配合。所以，指出别人的错误时要讲究说话技巧，这样既能达到自己的目的，也不会伤害到对方。指出别人的错误时，要想做到高情商的说话之道，要做到以下两点：

第一，面对上司，用机智的方法指出错误。英国著名的小说家毛姆，在其著名的文学作品《人性枷锁》中说道：“身居高位之人，即使请你批评指正，他所真正要的还是赞美。”所以，面对上司，想要让其认识到自己的错误，要使用机智幽默的方式，让领导自己认识到自己的错误，这样才能维护对方的尊严和地位，不伤害领导的面子。

第二，面对下属，用赞扬代替批评。下属犯错误时，要讲究指出错误的方式方法，否则会让其产生抵触心理，不仅不利于工作的开展，还会影响上下级的关系。作为上司，当下属犯错误时，要用赞扬代替批评，先扬后抑，让对方先感受到你的肯定，之后再婉转指出对方的不足，这样才能让下属欣然接受上司的指导，才能认识到自己的不足。

人人都会犯错误，当他人犯错误的时候，永远不要当面说“你错了”，高情商的人，会找到合适的方法，巧妙地表达自己的意见和建议。

婉言拒绝，胜于直爽

拒绝是一种说话的艺术，合适的拒绝不仅不会有损于双方的感情，还会从侧面展现一个人的人格魅力。高情商的人说话都会掌握分寸，特别是拒绝他人时，会选择婉言拒绝，而不是直爽地说“不”。

钱钟书先生是一位有智慧的大家，钱先生出名后，有很多记者想要采访他，并托人转达诚意，钱先生淡淡地说道：“您已经尝到鸡蛋的味道，何必还要看那只生蛋的母鸡。”他的话语智慧幽默，不仅表达了自己的想法，还通过比喻，让人形象地感受到他拒绝的原因。他的拒绝不但不会让对方难堪，还会让对方在幽默之中感受到被尊重。

作为社会中的一员，我们每个人都会面临复杂的社会关系和人际交往，往往有很多事情，有时候是对方的要求有些强人所难，有时候是由于自己的喜好，不合胃口，此时，都需要对对方的要求表达拒绝之意。直爽的拒绝会让对方感受到不被尊重，影响自身在对方心中的形象，例如上文中的钱钟书，如果面对对方的要求，直接说“不”，难免让媒体感到大师的曲高和寡、不近人情，而通过幽默的方式，委婉地表达，可让对方欣然接受，同时也维护了自身的形象。

读故事，悟情商

《秋水》中有一个关于庄子的小故事，是这样说的。一天，庄子在河边悠闲地钓鱼，从远方来了两名楚国的使者，他们对庄子说：“庄子先生，我们的楚王想请你到楚国当官，您是否愿意呢？”

庄子宁静淡泊，无心政治，又不好直接拒绝楚王的要求，便对二位使者说：“你们从楚国来，我听过楚国的一个故事，说楚国有个三千年的神龟，它死后，楚王为了表达对他的敬仰，就把他供奉在高堂上，还用精致的竹器装着，并用名贵的丝绸盖着。我有个不明白的地方，你们说，从神龟的角度来看，它是希望自己死后骨头被人供奉起来呢还是喜欢像生前一样在泥里快活地游来游去呢？”两位使者听后不假思索地回答道：“当然是后者了！谁不希望自己一直快活地生活下去呢？”

庄子听后，回答道：“是啊，我现在就像是那个神龟，你们让我继续在泥里快活地游来游去吧，因此请你们回去复命吧。”

庄子的回答充满了智慧的光芒，他用比喻的方法，形象地说明了自己的处境和观点，并且没有直爽地说“不”，给对方留有余地，并维护了对方的面子和尊严。庄子的这番话无疑体现了他的高情商，体现了他说话的智慧。

清代有一位著名的藏书家叫钱曾，他藏书丰富，朋友们都很喜欢找他借书；他爱书如命，对于书籍非常爱护。但是有个朋友借书之后不知道珍惜，经常借过之后很久才还，而且还回来的书还有破损，甚至还会出现丢书的现象。

一天，这个朋友又找到钱曾来借书，而且要借的这本书是个珍贵的孤本，钱曾不敢轻易将这么宝贵的书借给这个不知道爱惜书籍的朋友，但是又碍于朋友的面子，不能直接拒绝。他说："哎呀，都是我的错。我前段时间答应学生们给他们讲这本书中的内容，可是自己太懒了，都没有翻看这本书，眼看着就要到给学生们讲课的时间了，我得临时抱佛脚，温习一下，否则就误人子弟了。非常对不起！"

朋友听到钱曾的话，表示理解，也没有再提到借书的事情。钱曾的委婉拒绝，先从自身找原因，通过自责表达对朋友的歉意，这是说话的一种技巧，如果直接指责对方的过错，很容易伤害对方的感情，而像钱曾这样，从自身错误说起，既让对方了解了自己的境况，还能表达拒绝对方的歉疚之情。这样拒绝别人的效果更好。

点亮自己»

拒绝他人有很多说话方式，你可以直接说"不"，也可以委婉拒绝，情商高的人都会选择后者，这样不仅能达到拒绝他人的目的，还会让对方理解自己的决定，不损害双方的关系。委婉的拒绝有很多说话方式，可以像庄子一样采用比喻、幽默的方式，也可以像钱曾一样用自责表达歉意，也可以用暗示的方式或者补偿的说话方式。例如：卡耐基作为美国的关系大师拒绝别人的演讲邀请时说："非常抱歉，我时间太紧张，安排不出时间来。但是约翰先生讲得也特别好，他可能比我更加合适。"这种适当补偿的方式不仅让对方理解到自己拒绝的原因，还会增加对方的好感度。所以说，想要做到委婉的拒绝，我们需要做到这

几个方面：

第一，拒绝时语言幽默。多运用比喻、类比等修辞，增加语言的幽默，例如钱钟书在拒绝一笔高额奖金时说：“我都姓了一辈子钱了，难道还迷信钱吗？”他用自己的姓氏为突破点，幽默地表达了自己的拒绝。还有我国著名作家冯骥才，接待外国朋友时，朋友的孩子跳到了自己的床单上，但是朋友并没有阻拦孩子的意思，冯骥才笑着对孩子的父母说：“请把孩子带到地球上来。”他通过幽默的说法，既让孩子父母明白了自己的意思，也避免了因直接的指责带来的尴尬。

第二，拒绝时谦虚礼貌。拒绝别人时，要礼貌谦虚，例如，我国著名作家莫言，在获得诺贝尔文学奖后声名鹊起，地方政府让他去政府担任一些职务，莫言回答道：“你们这么信任我，让我受宠若惊。但是我这个人非常地笨，我不会管事、不会管人、不会管钱，除了会写点东西，可以说是一无是处，如果去出任职务，十有八九会给你们添麻烦。你们如此看重我，我却辜负了你们的希望，实在是抱歉啊！”

他的回答礼貌谦逊，也给足了对方面子，如果他直接说“我不干”之类的话，肯定会伤害对方的自尊心，礼貌谦逊地拒绝，将原因放到自己的身上，不仅达到拒绝对方的目的，还会很容易地获取对方的理解和原谅。

善意的谎言很有必要

欧·亨利是美国著名的作家，他写过一个非常感人的故事，叫《最后一片叶子》。故事讲到一个叫琼的年轻人，不幸患上了严重的肺病，她将全部希望寄托在窗外的常春藤上，她认为常春藤的最后一片叶子掉落之时，便是自己的生命结束之日。她的画家邻居费尔曼得知此事，便偷偷去窗外画了一片最后的叶子，琼因此重燃活下去的信心和勇气，而费尔曼因着凉患病而此。费尔曼通过善意的谎言，给琼带来生的希望，挽救了一个年轻的生命。所以，有的时候，善意的谎言很有必要。

善意的谎言不是恶意的欺骗，善意的谎言出发点是为对方着想，不为自身的利益。善意的谎言可以给绝望的人带来希望，给颓废的人带来动力，给失意的人带来温暖，所以，面对不如意的人，高情商的人不会用现实的利剑刺伤别人，而是会用善意的谎言给人以继续下去的力量。例如，一位老人得了严重的病，但是他并不知情。作为认识他的人，如果见到老人，如实告诉他患病情况，这会给老人带来沉重的心理负担，老人可能会因此一蹶不振、自暴自弃，甚至放弃治疗；如果你与他的亲人一样，告诉老人他的病不严重，按时吃药就好了，那么，这个老人肯定会轻轻松松地面对，不会有太大的心理负担。

高情商的人说话会以对方的感受为出发点，特别是与处于低谷中或者是承受能力较弱的人沟通，如果当时善意的谎言可以给对方带来勇气和力量，那么高情商的人肯定会选择善意的谎言。这是一个体现人性美好的举动，善意的谎言可以给世界多一点温暖与和谐。

读故事，悟情商

雨果是法国浪漫主义文学巨匠，同时他也是一位情商非常高的人。一天，他的好朋友巴尔扎克上门拜访。雨果看到好朋友过来了，非常开心，高兴地带巴尔扎克参观自己的公寓，他的房间装修大气考究，非常气派。

参观到书房的时候，巴尔扎克不小心碰倒了雨果的笔筒，结果，笔筒摔到了地上碎了。巴尔扎克见状，非常愧疚，他知道，这是雨果最喜欢的物件之一，他一直用这只笔筒装笔。

巴尔扎克抱歉地对雨果说：“对不起，刚才真的不是故意的，希望你能原谅我，我知道这是你最喜欢的东西，你一直都用它放笔。”

雨果见状，笑着说：“不，你不用放在心上，我最近才听人说，这个笔筒只是一个赝品，是很普通的东西。我正准备扔掉它呢，被欺骗了这么长时间。”

巴尔扎克听到雨果的话，心里舒服了很多。其实，为了不让巴尔扎克愧疚，雨果说了一个善意的谎言，这个笔筒是一个制作精美、用料讲究的艺术珍品，是难得的好东西，巴尔扎克走后，他赶忙将碎片收藏了起来。但是，雨果明白，和笔筒比起来，最珍贵的是和巴尔扎克之间的友谊。

雨果用善意的谎言换取了巴尔扎克内心的安宁，也更加巩固了两人之间的友谊。由此可以看出，有时候善意的谎言比真实的解释更有力量，更能显示出一个人对世界的善意。

《善意的谎言》电影中讲到二战期间，煎饼师傅雅各·海恩通过编造一系列善意的谎言，给与世隔绝的犹太人聚居区带来继续活下去的希望，此时，善意的谎言比先进的医疗水平等物质条件更有力量。

点亮自己

与人沟通交流，会遇到不同的情境。如果对方处于人生的低谷或者面临生命不可承受之重，作为说话的另一方，适时说些善意的谎言，不仅可以给对方宽慰，还能给人以温暖和力量。善意的谎言不是恶意去隐瞒或撒谎，善意的谎言通常以对方感受为出发点。有时，一个善意的谎言甚至可以改变一个人的命运。

高情商的人，遇到特殊情况，不可避免会说些善意的谎言，但是，善意的谎言要根据情境和对象使用，不能滥用，否则会产生信任危机。如何正确使用善意的谎言呢？

第一，善意的谎言要看对象。有些人爱较真，且接受能力强，如果你在说话时使用善意的谎言，对方发现后不但不会感激你，还会觉得受到了欺骗。一个同事生病比较严重，你去医院看他的时候，告诉他：“你的病不严重，只要好好调养身体就没问题了。我之前认识一个人，比你还严重，最后人家顺利出院了。”后来，他的病越来越严重，也得知你说的出院的那个人去世了，再见到你，对你充满了埋

怨，说你骗他。所以，善意的谎言需要看对象，若对象是乐观开朗的人，或者需要安慰的人，可以采用善意的谎言，给他们鼓励和安慰。

第二，善意的谎言要看情境。当对方处于低谷或者要面临的问题比较严重，凭自身精神状态无法支撑时，此时可采用善意的谎言；如果在对方看来，最坏的结果自己也能承受，并对结局有充分的心理假设，就是想知道真相，那么，这种情景，善意的谎言反而会让对方更加焦灼。

因此，高情商的人说话会适当使用善意的谎言，让沟通更好进行，通过自己的善良，为他人带来温暖和力量。

忠言也可以不逆耳

有句老话这样说：“良药苦口利于病，忠言逆耳利于行。”虽然有一定的道理，但是在现代社会，逆耳的话会伤害听者的自尊心，那些不考虑对方面子的话，让人反感，甚至产生反叛情绪，并不利于行。所以，情商高的人，会说话，可以让忠言也不逆耳。

表达的方式有很多种，忠言可以选择使用不逆耳的方式表达。如你的同事方案写得不合适，如果你直接说：“小王，这块儿你怎么能这样写呢？这与我们的中心思想差得太多了。”对方听到后肯定很反感，如果你从侧面表达自己看法的话，效果会好很多。如“小王，我上次做方案的时候，这部分的思路和你的一样，领导给我做了批注，你可以参考一下。”这样，对方肯定会感谢你的指导，感激你的提醒和帮助。所以说，忠言也可以不逆耳。

读故事，悟情商

春秋战国时期，群雄逐鹿，政治动荡，国家的统治需要明君。齐国的邹忌希望齐威王广开言路，这样才能凝聚民心，使政权巩固。但是作为臣子，邹忌不能直接向齐威王劝谏，否则不仅让齐威王没有面子，还可能会惹怒大王，招致杀身之祸。然而，邹忌是一个情商非常高的人，他通过日常生活入手，设计了一个非常精妙的对话内容。

邹忌长得很高且身材很好，是个美男子。他穿戴好衣服，分别问自己的妻子、小妾、客人道：“你说，我和城北的徐公相比，谁比较美呢？”大家都说：“当然是您美了，徐公怎么能和你相比呢？”邹忌上朝见到齐威王，对他说：“我见到了徐公，我知道自己没有徐公美，而我的妻子因为偏爱我，我的小妾是害怕我，我的客人是有事求我，都说我美。咱们的齐国有一百二十多个城池，您身边的妻妾，都会偏爱您；朝廷中的大臣，都害怕您；齐国的百姓，都有求于您。由此来看，您受的蒙蔽比我大多了。”

齐威王听到邹忌的话，觉得有道理，他立即颁布命令：“齐国所有的大臣、百姓，可以当面批评我的，我给上等奖赏；上书指出我过错的，我给他们中等奖赏；如果是在一起议论我，并指出我的过错的，我给下等奖赏。”齐威王命令下来之后，皇宫门庭若市，都是过来进谏的人，几个月之后，来劝谏的人少了很多，过了一年，即使有人想来进谏，也没有什么可说的了。

齐威王接受邹忌的提议，不仅广开言路，了解民间疾苦，还提升了自己在民间的威望，巩固了自己的政权。故事中的邹忌是一个非常聪明的大臣，他对领导提意见和建议，采用类比的方式进行说话，让人容易接受，真正做到了忠言不逆耳。

点亮自己»

高情商的人说话会注意使用不同的表达方式。比如用类比的方式，由小及大，由此及彼；或者旁敲侧击，点到为止。不管怎样，在说话中都能达到避免尴尬气氛，让交流变得轻松愉快，让忠言不逆耳。试想，这样的人，谁不想和他做朋友呢？要做到忠言不逆耳，就要遵循以下两点：

第一，类比说话，形象生动。用类比的方式说话，由小及大、由此及彼，可形象生动地表达自己的观点，让对方不由自主地认同你所提出的意见和建议。如上文故事中的邹忌讽齐威王纳谏，就是从自身说到齐威王，从生活中的小事说到治国的大事，他用类比的方式，让自己的观点隐藏在故事中，通过对比，得以清楚地呈现。也正是通过生动的故事，生活化的例子，让齐威王欣然接受了自己的意见和观点，使得忠言不逆耳。

第二，旁敲侧击，点到为止。旁敲侧击，可以避免言语的直接伤害。点到为止，是一种聪明的说话方法，若是针对一件事喋喋不休，会招致对方的反感，致使忠言逆耳。如你的上司在与他人谈话时，说错了本公司产品的生产日期，作为下属，应该及时提醒，但是为了维护上司的面子，不能直接指出上司的错误，可以旁敲侧击地说：“经理，我记得我们公司产品生产时您的女儿正好出生，想来你的女儿现在已经3岁半了吧？时间过得真快啊。”这样一来，领导不仅能意识到自己的错误，还在公众场合维护了他的面子。

因此，选用合适的说话方式，你也可以成为一个情商高的人，让忠言不逆耳。

以退为进，迂回说服

我们经常会遇到需要说服对方接受自己观点的时候，让别人甘愿接受自己的观点和想法并不容易，需要找对说话的方式和方法。卡耐基的《人性的弱点》一书中指出：每个人都有与他人意见不相符的时候，每个人都有强烈的自尊心和面子观念。因此，当双方意见不统一的时候，不能采用直截了当的表达方法，否则会造成两败俱伤的局面。

当意见相左时，若想让对方接受你的观点，以退为进是一种聪明而高效的方法。表面的退让会让对方放松警惕，后采用迂回包抄的方法，便能使两败俱伤转换为双赢的局面。美国有一个这样的故事：

美国的麦克阿瑟将军赢得了很多战争，因此他脾气傲慢，说话做事从不顾及他人的感受。一天杜鲁门总统接见麦克阿瑟将军，期间，麦克阿瑟将军拿起烟斗准备吸烟，他对杜鲁门先生说：“你不会介意我抽烟吧？”

杜鲁门听到后，看着麦克阿瑟说：“将军，你抽吧，别人喷到我脸上的烟雾，要比喷在任何一个美国人脸上的烟雾都多。”麦克阿瑟听到总统的话，知道总统的真正用意是介意自己抽烟的，所以就停止了抽烟。

杜鲁门总统的话，以退为进，先是表示对方可以抽烟，让对方消除抵触心理，后又说自己脸上的烟雾比任何一个美国人都多，这句话释放的是一个另有所指的信号，幽默地道出了作为公众人物被人吐槽是必然的，一语双关之中表明了自己的内心独白和观点。像这样刚开始的退让并不是真正的失败，而是虚拟的退让，是为下面的话语做铺垫。

读故事，悟情商

春秋时期，齐国的齐景公玩世不恭，最爱玩鸟，为此，他专门找了一个管鸟的仆人，此人叫烛邹。一天，烛邹没注意，有几只鸟飞走了，齐景公知道后，非常生气，下令一定要把烛邹杀了。

大臣晏子听说了这件事，赶到齐景公面前。他看到齐景公仍旧是气呼呼的，知道不能直接说自己的心里话，就以退为进，请求齐景公让自己当着大家的面详细地陈述一下烛邹的罪名，以便让众人心服口服。齐景公听到晏子站到自己的一边，便爽快地答应了。

晏子面对着烛邹说：“烛邹，你犯了三条大罪，你死之前我给你讲清楚，你可要听好了！第一大罪状是君主派你专门负责管鸟，你却让鸟飞走了；第二大罪状是你因为几只鸟就让君王生气地杀人；第三大罪状是因为你的错，让君主日后留下重鸟轻人的罪名。你死不足惜！”晏子说完就立即要求齐景公把烛邹杀掉。

齐景公听到晏子的话，一下子明白了晏子的言外之意，知道晏子是为自己好，他就着台阶不失威严地说：“不杀烛邹了，相比几只爱鸟，当然是我的臣民重要，但死罪可免，失职之罪还是要惩罚的，以儆效尤。”

晏子的做法值得我们借鉴。当他发现对方正在气头上时，没有直接指出别人的错误，而是以退为进，表面上看自己在对方的阵营，其实是站在对立面讲话。这种迂回说话的方式，不仅将道理讲得透彻明白，还维护了齐景公的面子。

美国有一段经济大萧条时期，曼莎丢掉了工作，费尽千辛万苦才在一家珠宝店找到一份售货员的工作。上班的第一天，店里来了一个顾客，他穿衣讲究，但神情落寞，曼莎与其对视时，发现对方的目光很快躲开了，曼莎想，这可能也是一个破产的人。

突然店里来了一个电话，曼莎接电话的时候不小心将柜台上装有 6 枚金戒指的盘子碰翻了，但最后她只找到五枚戒指，此时，店里唯一的顾客正准备向外走去，曼莎下意识地赶忙走上前，叫住这位顾客，客气地说：“先生，您好，我今天是第一天上班，但是我丢了一枚戒指，您知道，在这种时期找到一份工作有多么不容易，我想您能不能帮我找一找呢？”

顾客停顿了一下，转过身对曼莎说：“小姐，我能为你祈祷吗？”然后他紧紧握着曼莎的手，曼莎感受到他向自己的手心放了个东西，原来正是那第六枚戒指。

故事中的曼莎发现丢了一枚戒指后，不是直接大喊大叫，怀疑对方拿了自己的戒指，而是柔声地与对方说自己找工作的艰难和不易，迂回地说话得到了对方的同情，也给足了对方面子，使他“很体面”地还回了戒指。同时，曼莎也找回了损失。

点亮自己»

人际交往中，要让对方接受自己的观点绝非易事，情商高的人可以在沟通中如鱼得水，游刃有余地表达自己的观点，并与对方找到契合点，让对方认同自己，以获得成功。其中，沟通的方法很重要，以退为进是一种聪明的沟通方法。退不是消极地退让，而是表面上暂时的退让，这能让对方放松警惕，更容易拉近彼此间的距离，以便达到说服对方的目的。这种迂回的沟通方式避开了对方的抵触和敏感的一面，聪明地从对方可接受的角度去讲，以退为进，最终达到迂回说服的目的。因此，要想说服对方接受你的观点，需要做到以下两点：

第一，懂得后退。这里的退不是真正的退让，而在为下一步的前进做准备。如一个人跳远的时候，想要跳出好成绩，都要先后退，给助跑留足距离。因此，在与人沟通的过程中，要舍得退让，此时，适当的退让就是变相的前进。

第二，迂回包抄。反击别人的观点不能正面否定，以免发生不必要的冲突，要学会迂回包抄的方法。如上文故事中的晏子，并没有直接指出齐景公的昏庸无为，而是站在齐景公的角度分析后果，让齐景公认识到自己的决定将带来的不良后果，以达到劝谏目的。

硬话软说，避开锋芒

生硬的话语让人听着反感、不舒服，特别是传达硬性的要求和规定，或向拒绝沟通的人提意见和建议，这种时候针对锋芒说硬话，是最没有效果的一种沟通，甚至还会造成两败俱伤的局面，造成不必要的损失。

因此，我们在说话的时候要讲究方法，掌握分寸，做到硬话软说，避开锋芒。如领导因为部门业绩下滑而生气苦恼，此时，作为下属，与领导说话时却说自己做业务的艰难和不易，那么领导听到你的话会更加生气，不但不会同情你的处境，还会认为你自身能力不强，不能胜任部门的工作。

在与人沟通交流过程中，要避免使用生硬的话语，多用建议或者善意的语言去沟通，态度温和而不强势，避开对方禁忌的地方，不拿对方的痛处做文章，否则将会树立更多的敌人。如同事由于在公司的考核中业务能力不过关，受到了领导的批评，你见到他却一直聊自己考核中的出色表现，而不是安慰他或者帮其找原因，此时同事一定会讨厌夸夸其谈的你，并将你列为敌人之列。因此说话的时候，要掌握好分寸，避开对方的锋芒所在。

读故事，悟情商

陈桥兵变令赵匡胤黄袍加身，之后，他南征北战，平定二李的叛乱后，政权得到了巩固。俗话说“打江山容易守江山难”。政权稳定后，赵匡胤看到手下有功的将领权势越来越大，他开始担心江山的稳固问题，想到自己就是起兵造反打下的江山，如果自己对这些有功之臣不好，是不是他们也会起兵反叛？因此，他苦恼极了，不知道如何解决这个问题，于是，他与自己的弟弟赵光义和最信任的谋士赵普商议这个问题。

听到宋太祖的诉说，弟弟赵光义说：“干脆来个辣椒塞进猫嘴里的办法，直接割去这些权势日盛的人的兵权。”赵普觉得赵光义的做法太强硬，容易留下祸患，建议使用更加委婉的做法，削弱他们的权利。宋太祖认真思考了两个人的建议，考虑到这些人都是有功之臣，而且是自己的拜把子兄弟，割去兵权太过强硬，不仅会伤害彼此间的关系，还会给世人留下不好的名声，因此，他决定用削弱的办法。

这天，宋太祖请来了石守信等有功之臣饮酒，喝得差不多了，他让太监宫女退下去，端着酒杯，诚恳地对大家说道：“在座的各位都为国家立下了汗马功劳，是国家的功臣，没有你们的帮助就没有我今天这个皇帝的位子，但是你们不知道，我这个皇帝还不如当个节度使省心，自从当了皇帝后，我就没有睡过安稳觉……”

石守信等人问道：“陛下为什么睡不着觉呢？”

赵匡胤回答道：“天下之大，但是皇帝的位子只有一个，谁不想要呢？”

石守信等人听后，明白皇上是怕他们功高盖主有异心，连忙说道："皇上登上这个位子，是天命，而且现在国家政权稳固，我们怎敢有其他想法啊！"

赵匡胤说："你们的赤胆忠心我是清楚的，但是面对这荣华富贵，我担心有人心怀叵测。一个人的生命很短暂，你们随我南征北战，甚是辛苦，现在国泰民安，我希望你们都能安顿下来和妻儿老小过上好日子，我替你们考虑好了，你们现在不如去地方当官，买些田地房屋，过上富足而无忧虑的生活，另外我们君臣之间也就没有猜忌了，这是上上策啊！"

石守信等人听完，明白宋太祖主意已定，纷纷接受了宋太祖的封赏，主动请缨去地方挂虚职。

赵匡胤通过"杯酒释兵权"，将双方的利益摆到桌面上，通过真诚的交流，让大臣明白得失利弊，硬话软说，达到了自己削弱兵权的目的。

点亮自己»

对于涉及对方利益的交流或者传达某些硬性规定时，说话容易强硬，缺乏感情，从而容易引起对方的反感。情商高的人会采用硬话软说的方式，动之以情，晓之以理，让对方接受自己的观点或者建议。特别是涉及对方的利益问题，对方敏感度和攻击性都很强时，应该避开对方的锋芒，不能硬碰硬，否则只会两败俱伤。因此，交流时要会使用曲线沟通的技巧，和谐的氛围中以期满意的效果。做到这一点需要注意以下两个方面：

第一，硬话软说，不冲动。当发生分歧时，说话不能冲动，否则不但会造成冲突，还会使双方关系恶化。此时，要学会硬话软说，说话时态度要和缓，不急躁，动之以情，晓之以理，放低身段。

第二，避开锋芒，不硬碰硬。与他人沟通时，如果对方处于盛怒的状态，说话时要明白对方的怒点，尽量避开，从侧面进行沟通。

硬话软说，避开锋芒，只要说话讲究方式方法，必定能使沟通顺利进行。

沉默是金，此时无声胜有声

沟通中的沉默犹如中国水墨画中的留白，虽无内容但意味深长，虽无技巧却更需功力。张国荣的《沉默是金》歌曲中唱到：始终相信沉默是金，是非有公理，慎言莫冒犯别人。沉默是一种处事的态度，沉默是金，拥有不可思议的力量。

刘禹锡说：“五刃之伤，药之可平。一言成疴，智不能明。”由此可见，言多必失，多说话并不是最好的沟通方式，有的时候适时的沉默可以带来意想不到的效果。

当对方情绪波动，需要找人倾诉时，沉默中倾听比说话更能抚慰人心。例如，朋友工作中遇到了不公平的待遇，满腹的委屈，此时，你只需先安静地听他说完，之后再针对性地提出建议，因为适时的沉默比苍白的安慰更有力量。

当不确定某件事或者谈话中处于劣势时，适时的沉默可以扭转局势，化被动为主动。例如，在商业谈判中，如果对方逼得比较急，适时的沉默不仅是保护自己的底牌，还可以消磨对方的意志，让其烦躁，自乱阵脚，反被动为主动。

读故事，悟情商

有这样一个寓言故事：古时候，有个小国家进贡时，带来三个一样的小金人。皇帝看到小金人做工精致，非常喜欢。使臣见皇帝高兴，借机问到："请问英明的皇帝陛下，您认为这三个小金人哪个最贵重呢？"

为维护大国的尊严，使他人信服，皇帝尝试了很多方法，例如比较做工、称轻重等，但是三个小金人一模一样，根本没有区别。皇帝非常苦恼，召集大臣一起想办法。果然，不负众望，其中的一个大臣想到了一个绝妙的办法。

他拿出三根稻草，分别从三个小金人的耳朵插进去，第一个小金人身体里的稻草从另外的一只耳朵出去了，第二个小金人身体里的稻草从嘴巴里出去了，第三个小金人身体里的稻草掉进了肚子里，并没有出来。这位大臣说："由此看来，第三个小金人最贵重！因为他会听话，知道听进耳朵的话，不能说的坚决不说。"大家听后连声点头称是。由此可见，慎言是一种多么宝贵的品质啊！

墨子是我国古代著名的哲学家，他的学生子禽问老师，多说话到底有没有好处？墨子回答道："你看，蛤蟆、蚊子，一直叫，日夜不

停，可是有人听吗？对比公鸡，只在天快亮的时候打鸣，可天下的人都听它的。”所以，说话多不一定有好处，适时的沉默可以赢得更多的信任。

点亮自己»

海明威说过这样的话：“我们花了两年学会说话，却要花上六十年来学会闭嘴。”沉默比说话还难，情商高的人会说话，也会根据场合需要适时保持沉默，以达到事半功倍的效果。而学会沉默的艺术，需要做到以下两点：

第一，分清场合。沉默需要分清场合，用对场合才能达到想要的效果。例如，在单位的意见征求会上，如果你保持沉默是金的原则，坚持不发言，不发表看法，会让领导觉得你不够有思想，可能会因此对你失去信任和重视。

第二，掌握分寸。沉默不是一言不发，而是慎言，即不确定的话不说，不合适的话不说，而不是什么都不说，绝对的沉默在沟通中是不存在的。例如，在商业谈判中，对方比较急躁，此时你方采用沉默应对的方式更加有利，可使对方失去耐心而突破自身的底线。此时的沉默不是一言不发，而是对于自己的底线不透漏，不谈论，不说不合适的话。否则，会让对方觉得莫名其妙。

第四章

点睛之语：情商让你说话更漂亮

每个人都喜欢锦上添花、雪中送炭之美，说话也是如此，看似平淡的语言，也许一句话就能够将对方深深地打动，情商的魅力之处就在于用“缚鸡之力”将话说得漂亮。

幽默让问题不再难解

说话漂亮不仅能够打动听者的心，还能达到画龙点睛之妙，促进沟通的进行。情商高的人说话漂亮，幽默智慧，让听者佩服。幽默的人大多充满智慧和魅力，幽默的话语能起到四两拨千斤的作用，让问题不再难解。每个人都会遇到一些难题，当沟通陷入僵局时，一句幽默的话，会打破尴尬的气氛，引领谈话的方向。

一个编辑在办公室里忙碌，突然来了一个年轻人，把自己的作品递给编辑。这位编辑经验丰富，学富五车，他看了几段就发现这个文章是抄袭的某位大文豪的作品。

编辑笑着问年轻人："这个作品是你的原创吗？"

年轻人面不改色心不跳，大言不惭地回答道："是的啊，这篇文章我构思了好久呢，写出来也不容易，熬了好多个夜晚。"

编辑听后，简直是哭笑不得。为了告诉年轻人这种行为是错误的，同时也为了维护他的面子，编辑回答道："啊，不好意思，原来您是契诃夫先生，您是什么时候活过来的呢？"

年轻人听到编辑的话，脸一下子就红了，他认识到了自己不该抄袭，同时也很感激编辑没有直接揭穿她。

像上文的编辑，遇到别人抄袭时，出于礼貌，不方便直接指出对

方是抄袭的，而是用一种幽默的说法，不仅告诉对方自己知道他是抄袭的，而且避免了直接指出对方错误造成的尴尬局面，以及伤害对方的自尊心。

读故事，悟情商

三国时期的曹操，驰骋沙场，堪称一代枭雄。在他众多儿子中，他最喜欢曹植，曹植饱读诗书，在文学上颇有建树。曹操是爱才之人，有心传位给曹植，但是古代有立长不立幼的传统，曹操因此很苦恼。

贾诩是曹操的谋士，他被人称为“毒士”，他思维缜密，计谋多，并且“算无遗策”。曹操非常看重他，官渡之战大胜袁绍就有贾诩的功劳。这天，曹操找到贾诩，说：“我很喜欢曹植，想要立他为太子，你觉得怎么样？”

过了好久，贾诩也没有说话。曹操好奇地问道：“贾诩，你为什么不说话？”

贾诩从容地说：“我正在思考事情呢。”曹操越发好奇，追问道：“你在思考什么事情啊？”贾诩回答道：“我在想我们的手下败将袁绍和刘表因为废长立幼而招致失败的往事呢。”曹操听到贾诩的话，一下子明白了他的意思，大笑起来，从此再也不提这件事了。

贾诩的话很巧妙，他深知在当时废长立幼会引起大臣和人民的反对，而袁绍、刘表的失败就是前车之鉴。但是根据曹操的性格及这件事的重要性，如果当面对曹操的决定进行反对，曹操肯定会不认同，甚至会因此激怒曹操，失掉曹操对自己的信任。他用一种幽默的方法，用敌人的失败，警醒曹操，不但借此表达了自己的观点，还避免了尴尬的局面。贾翊通过幽默化解了曹操出的难题。

有时，幽默还能拯救自己的生命。伏尔泰是法国著名的文学家和哲学家，他年轻时喜欢到处旅行，开阔视野。

一天，他旅行到英国，当时正值普法战争，英国人非常讨厌法国人，认为法国人是自己的敌人。他们发现伏尔泰后，愤怒地大声喊叫："吊死，吊死，把他吊死。"

无辜的伏尔泰被众人推上了绞刑台。他的英国朋友听到后，赶紧挤进人群，对愤怒的人们解释到："他只是普通的学者，与政治无关，大家冷静，不能处死他。"

但是失去理智的人们并不买账，喊道："他是法国人，是我们的敌人，就应该处死！"伏尔泰看到局面有些失控，他举起自己的双手，大声喊道："你们都安静一下，听我说几句发自肺腑的话。"人群安静下来，他对着大家说："各位，你们是英国人，也是我的朋友。现在你们要惩罚我，只是因为我是法国人。但是，你们认真想一下，我天生就是法国人，却没有机会成为像你们一样高贵的英国人，这对我来说就是最大的惩罚啊！"

人群中的英国人听到伏尔泰的话，哄堂大笑，觉得伏尔泰很可爱。最后，决定不再处罚他，将他放走了。

伏尔泰在这种情况下，机智幽默的话语化解了对方的敌意，也表达了自己不应该被惩罚的原因。他无疑是一个情商高的人，通过寥寥几句，就打动了对方，并因此挽救了自己的生命。

点亮自己

幽默是一种举重若轻的力量，可以让难题迎刃而解。合适的幽默比正面的指责更有力量，它代表着一种巧妙的沟通方式，拥有四两拨千斤的力量。

因此，与人沟通时，学会幽默的沟通技巧，可以使难题迎刃而解。要想做到幽默沟通，需要做到以下两点：

第一，要有丰富的知识积累。幽默不是一朝一夕就能学会的，而是需要大量的知识积累。幽默的人都有一个共同点，就是对生活和工作有充分的经验积累，从而可以化繁为简，通过幽默的表达，应对难题。

第二，要有分寸感。幽默的使用要掌握分寸感，不是每个场合都需要幽默，不是每句话都需要幽默地表达。当我们面对难题或者对话进入尴尬境地时，适时幽默一把，不仅可以缓解对话的气氛，还能解决难题。

自嘲，这是一种智慧

自嘲是一种智慧，当生活中遇到难堪或无意的嘲讽时，与其反唇相讥不如自嘲一下，这样，不仅化解了沟通中的尴尬，还能显示自己博大的胸襟。

鲁迅先生曾有一首《自嘲诗》，脍炙人口，诗中这样写道：“运交华盖欲何求，未敢翻身已碰头。破帽遮颜过闹市，漏船载酒泛中流。横眉冷对千夫指，俯首甘为孺子牛。躲进小楼成一统，管他冬夏与春秋。”鲁迅先生所处的时代社会矛盾尖锐，先生有一腔救国热忱，但鉴于社会的黑暗，看不到一丝光明。鲁迅先生借助这首《自嘲诗》，表达了对黑暗社会的嘲讽和轻蔑，表明了自己横眉冷对黑暗势力，对人民大众甘为孺子牛的态度。在当时的社会背景下，鲁迅先生通过自嘲，表达了心中的愤懑。

自嘲是沉重生活中的调味剂，面对生活中偶尔的不如意，适当的自嘲可以让自己换个角度看问题，缓解心中的压力和苦闷，为生活增添一丝快乐。

唐人王梵志，面对社会生活中贫富差距大的问题，产生了不平衡的心态，但是他用一首诗自嘲，“他人骑大马，我独跨驴子。回顾担柴汉，心下较些子。”此方式幽默诙谐，轻松化解了心中的郁闷。

读故事，悟情商

戴维·卡梅伦是自1812年以来英国最年轻的首相，他年轻时就被预言为“英国政坛一颗最耀眼的明星”，他充满活力和自信，口才卓越，幽默风趣。2010年卡梅伦在北大做了一场演讲，现场的同学对其佩服之极，称他“口才一流，魅力四射”。

卡梅伦44岁就能在首相大选上获胜，自嘲让人看到了一个心胸宽广的人，也为其平添了不少个人魅力。卡梅伦竞选首相期间，去英格兰的一所学校拉票，学生们年轻气盛，有些人喜欢这个年轻的绅士，有些人则不然。当卡梅伦演讲完准备离开学校的时候，一个学生

突然冲出来向卡梅伦丢鸡蛋，来不及闪躲，鸡蛋砸中了卡梅伦的肩膀，人群骚动起来，人们都认为卡梅伦肯定会特别生气。没想到，卡梅伦不但没有生气，反而自嘲道："这是我竞选的第一'蛋'。"说完还宽容地笑了。

鸡蛋事件之前，卡梅伦在竞选中曾经被一个穿着公鸡衣服的人跟踪，这个人还试图破坏他的竞选活动，干扰他的工作。卡梅伦并没有对此采取强制措施，而是一笑而过。鸡蛋事件后，有人问他这件事，他幽默地说道："我现在终于明白了，先有鸡还是先有蛋？这个问题在我看来是先有蛋后有鸡。"他的自嘲和幽默赢得了选民的心，在大选中获得了58%的支持率。

自嘲是一个人宽容的表现，可以增进彼此间的好感。对于身居高位的人或者有成就的人来说，自嘲更是一种从容的态度。

郑渊洁是我国的著名的童话作家，被誉为"童话大王"，他的经典作品《舒克与贝塔》《皮皮鲁总动员》等童话故事影响了好几代人。

一次，郑渊洁接受记者采访，当记者问道："请问郑老师为什么选择写童话故事呢？"

他回答道："我是懦夫，不敢像刘胡兰那样为改变世界献身，就通过写童话逃避现实。"

"请问您创作《童话大王》月刊的初衷是什么？"记者接着问。

郑渊洁笑着说道："我啊，心胸特别狭窄，已经狭窄到不能容忍和别的作家在同一报刊上同床共枕。"

记者评价到："您一个人坚持把《童话大王》月刊写了二十年，

特别难得。”

郑渊洁回答道：“这没什么，这是懒惰的表现。写一本月刊写了20年都不思易帜，懒得不可救药。”

“如果让您给自己写一个墓志铭，您会写些什么？”记者最后问道。

“一个著作等身的文盲葬于此。”他回答道。

郑渊洁对于记者的提问，用“懦夫”“懒惰”“文盲”自嘲，淋漓尽致地体现了他看轻名誉和成绩，不禁让人心生敬佩。

点亮自己»

自嘲可以为生活带来欢喜，自嘲可以化解沟通中的尴尬，自嘲可以平衡心中的落差，甚至可以解决难题。自嘲是一种智慧，是一种健康的心态，是情商高的体现。说话沟通时自嘲可以让对方放下戒心，赢得他人的喜欢。学会适当运用自嘲，要做到以下两点：

第一，要进行积极意义的自嘲。自嘲表面上看像是消极的抱怨，其实是积极的调侃。自嘲并不是对自己的嘲讽，妄自菲薄，自嘲中其实蕴含着强大的自信心。如此在饭桌上调侃自己的厨艺就不是积极意义的自嘲，“我做的这盘菜看起来真没有食欲！”“这个面看起来糟糕透了！”这种自嘲会提醒饭桌上的人关注菜的味道和卖相，会影响吃饭者的食欲，会让大家真的认为你的厨艺有限，达不到自嘲的效果。

第二，自嘲要适当。首先，要在适当的时机和场合使用；其次，使用的频率要适当，要知道适可而止。自嘲是沟通中的调味剂，是辅助性的沟通手段，使用的时候要掌握好频率和程度。太频繁使用自

嘲，会给人留下油嘴滑舌的印象。如果在沟通中陷入了僵局，可以使用自嘲，缓解尴尬局面，并拉进彼此间的距离，这便是情商高的体现。

恰当讨教，让你更具风范

“三人行，必有我师焉”。每个人都有值得我们学习的闪光点，生活中要多发现他人的优点，并向对方学习。说话时恰当地向人讨教，让你更加有风范。一方面，讨教体现了对对方的尊重，让对方感受到认可，是一种变相的夸赞；另一方面，恰当讨教，表现了自己的谦虚和善，可以拉进彼此间的距离。高情商的人是懂得给别人面子的人，高情商的人与人沟通交流时，不会妄自尊大，而是允许别人讨教，以此来促进自己的能力提升，平衡双方的心理地位。

美国杰出总统托马斯·杰斐逊出身贵族，是名门之后。在当时的环境中，阶级差别非常大，很多贵族的人看不起下层的人，更别说与他们做朋友了。但是杰斐逊说过“每个人都是你的老师”。他的朋友中有很多普通人，生活在社会的最底层，和朋友们沟通时，他能看到对方的优点，并积极学习。因此他明白普通大众的想法和需要，并通过实施合适的政策满足大众的需求，因此，他积累了稳固的群众基础，获得民众的拥戴，成就了他辉煌的政治生涯。

读故事，悟情商

春秋时期的孔子是著名的学者，弟子众多。一天，孔子带着自己的弟子游学，宣扬自己的理念。他们驾车去晋国的路上，一个孩子在路中间玩，挡住了他们的去路。

孔子对孩子说道："孩子，你为什么在路中间玩呢？这样不对，会挡住路人，你看我们的车过不去了。"

小孩听到孔子的话，礼貌地说："老人家，您看我在干什么？"

孔子低头一看，发现这个孩子在路中间用碎石碎瓦垒起来了一座城池。小孩接着说："你说说看，是城给车让路还是车给城让路比较合理呢？"

孔子哑口无言，他觉得孩子说的有道理，而且这个小孩还非常有礼貌。他问这个孩子："你叫什么名字？你今年几岁了？"小孩仍旧礼貌地回答："我的名字是项襄，我今年7岁了。"孔子对跟随自己的学生说道："项襄才7岁就这么懂礼貌而且有智慧，他可以当我的老师。"

孔子的说法让学生们佩服不已。他博学多识，受人尊敬，还能及时认识自己的不足，并甘愿向小孩学习，这种精神难能可贵。他向一个7岁的小孩求教，非但没有让学生们看轻，他的虚心却更加让弟子们崇敬。

欧阳修是我国北宋时期著名的文学家，他的《醉翁亭记》文字优美，用词准确，流传至今，这篇文章的形成还有一段佳话呢。

当时的欧阳修在滁州任太守，他在滁州的朋友智仙和尚为方便欧阳修看风景，在琅琊山上为欧阳修建了一座亭子，取名为“醉翁亭”。欧阳修写成《醉翁亭记》后，贴到亭子外面，希望路过的行人为其修改指教。

一天，一个砍柴的樵夫路过，读了第一段，觉得欧阳修写得太啰嗦。欧阳修听到后，虚心地听老人的指教。老人指着第一段中“滁州四面皆山也，东有乌龙山、西有大丰山、南有花山、北有白米山，其西南诸峰”这几句话说道：“我砍柴时站在南天门，大丰山、乌龙山、白米山还有花山，一转身就全都映入眼帘，四周都是山！”欧阳修听后连连点头，思考后修改为“环滁皆山也”，如此，简洁明了，也正确表达了意思。

欧阳修向他人讨教，丰富作品内涵，不但不会让人觉得他水平不够，还会给人留下平易近人的形象，拉近了与他人的距离。

点亮自己

牛顿曾经说过：“如果我比别人看得更远，那是因为我站在巨人的肩上。”睿智如牛顿，就会明白向他人讨教会让自己看得更远；平凡如我们，更应该恰当向他人讨教，让自己更有风范。高情商的养成需要日积月累，向人讨教要说话有方，我们需要做到以下两点：

第一，语言真诚。向人讨教态度要好，语言真诚可以打动对方，让对方感受到你的真心。如与同事沟通时，聊到办公技巧，你说：“小李，你的办公效率很高啊，特别是做 excel 表的时候，我一般需要整 2 个小时，你半个小时就搞定了，真让人佩服，你能传授给我一些诀窍吗？”

听到这样真诚的话，我相信小李会爽快地告诉你一些操作技巧。如果你说话傲慢，让人感受不到一丝真诚，类似“你有时间吗？给我说说你的技巧”这样的话语，对方完全感受不到你的真诚，肯定不愿意和你继续聊天，更别说教你了。因此，向人讨教时，语言要真诚。

第二，端正态度。与人沟通时，态度要端正，博学如苏格拉底所说的“我唯一知道的就是我的无知”。我们沟通时，向他人讨教要端正态度，这样不仅让对方乐于与你分享，还能感受到你的宽厚胸怀，使你人格更有魅力。

如作为部门经理，你在新媒体的应用上不如年轻的员工，你找到员工小王，对他说：“小王，我啊，老得赶不上潮流了，你给我讲一下新媒体的相关内容，让我也能跟上你们的步伐。”小王听到经理的话肯定会乐于分享自己的知识，并且佩服上司孜孜不倦的学习精神。如果经理态度傲慢，觉得理所应当，下属肯定会觉得反感。

一句赞美，胜百句奉承

美国的作家马克·吐温说过：“一句赞美能让我活两个月。”赞美能让人心情愉悦，增进对对方的亲近感，促进彼此的交流沟通。高情商的人都会赞美，在沟通中适时的赞美可以让彼此沟通更融洽。真正的赞美不是奉承，而是发自内心地肯定别人。奉承则是别有用心的巴

结讨好；赞美是不求回报的对别人的鼓舞，奉承是为达到不可言说的目的而违背现实的谄媚。像卡耐基说的那样，“奉承是从牙缝中挤出来的，而赞美是发自心灵的”。因此，赞美让人快乐，奉承令人反感。一句发自内心的赞美抵过一百句违心的奉承，并能给他增添力量和信心。

读故事，悟情商

卡耐基出生在乡下的普通家庭，他小时候的调皮捣蛋，连父亲都拿他没有办法。在他 9 岁的时候，父亲准备和继母结婚，重新组建新的家庭。

继母第一次见卡耐基时，父亲介绍到：“亲爱的，这是我们这里最坏的男孩子，我已经对他束手无策，你要做好心理准备，说不定他会朝你仍石头哦！”

继母看着可爱的卡耐基，笑着说：“不，你说错了，他可不是那个最坏的孩子，他是最聪明的孩子，只是现在还没有找准自己的方向罢了。”

继母赞美的话，给小卡耐基的心灵带来温暖的阳光，这句话让卡耐基完全接受了继母，并且在以后的日子里激励着卡耐基努力奋斗，最终他成为了美国著名的作家，被评为 20 世纪最具影响力的人物之一。

相似的经历也发生在法国著名的作家大仲马身上。大仲马年轻的时候贫困潦倒，他找到父亲的朋友，希望他为自己介绍一份工作。

父亲的朋友问道：“你数学好吗？”他不好意思地摇摇头。那人又问：“历史和地理精通不？”他继续摇头。“法律怎么样？”他还是摇头。父亲的朋友无奈，只好让他先把自己的住址写下来，找到工作后好跟他联系。大仲马写下地址后，父亲的朋友眼睛一亮，对他说道：“你的字写得很漂亮，这不就是你的优点吗？”

大仲马听到父亲朋友的夸奖，高兴极了，心想：“原来能把字写好也是一个优点啊！这么说，我也能把文章写好喽？一定也能得到他人的称赞。”受到称赞的大仲马，对自己写文章更有信心了。功夫不负有心人，最终他真的成了享誉世界的大作家。

赞美不是阿谀奉承，赞美是发自内心的肯定，阿谀奉承是违心的巴结讨好，会受到他人的轻视。

王安石是我国著名的改革家。宋神宗年间，他提出了一系列的变法措施，受到宋神宗的信赖，并因此升为宰相，大力推行自己的改革主张。

昭阳武冈的县令叫郭祥正，他看到王安石受到皇上的信任，便极力巴结王安石，想借此升官发财。他向皇帝上奏折，歌颂王安石的变法政策，并赞扬王安石的为人，提出让王安石处理天下的大事乃是皇帝的圣明之举，总之，极尽夸赞褒扬之词。一天，王安石与宋神宗议事，宋神宗问道：“郭祥正这个人好像不错，你认识他吗？”王安石如实回答道：“认识，我在江东时见过他，这个人说话不靠谱，做事也不负责任，狂妄自大，不可以委以重任。”宋神宗拿出郭祥正的奏折给王安石看，王安石看后无奈地笑了，他表示这个人太会阿谀奉承，自己以被他颂扬为耻，并极力劝宋神宗不要重用他。

郭祥正对王安石的夸赞不实事求是，太过夸张，变成了阿谀奉承，不但没有达到自己的目的，还招惹他人反感。

点亮自己»

在与他人沟通交流中，赞美是一种润滑剂，能给他人带来愉悦的心情。但是赞美时要掌握好尺度，切合实际的赞美是一种尊重和鼓励，而脱离现实的赞美就是阿谀奉承，让人反感。高情商的人，会赞美，不奉承。那么做到恰如其分地赞美他人，就要注意以下两点：

第一，发自内心。发自内心的赞美能让人感受到你的真挚，能让对方心中感到温暖，还能拉近彼此间的距离。赞美他人要用心而不能违心。一天，刘邦与韩信讨论彼此的指挥才能，他问韩信："你觉得我能指挥多少兵马？"韩信回答道："皇上顶多可以指挥十万兵马。"刘邦又继续问："那么你呢？"韩信回答："臣指挥兵马多多益善。"刘邦好奇地问："你既然能指挥的兵马比我多，军事才能比我好，为什么要听我的呢？"韩信诚实地答道："皇上的长处在于指挥将，我的长处在于指挥兵，这就是原因啊！"韩信赞美刘邦，没有用华丽的辞藻，而是根据自己的心中所想，真诚地与刘邦沟通，夸赞刘邦善于用将才的特点，因为发自内心，所以才能让人接受。

第二，实事求是。实事求是是夸赞别人的基本要求，赞美不能违背事实，否则会产生相反的效果。如同事今天穿了一件新衣服，你对她说道："你今天真漂亮，换发型了吗？"同事听到肯定会觉得尴尬，也会觉得你的夸奖不走心，其实你并没有真正地关注她，这样的夸赞不能起到加强同事关系的作用。因此，实事求是地夸奖是顺利沟通的基础。

恰当附和，巧赢认同感

在与人沟通交流过程中，认同感非常重要。如果对方对你认同，那么就会有信任产生，从而促进沟通的顺利进行。高情商的人，与人说话时，会使用恰当的附和，来赢得对方的认同感。如你与同事讨论策划方案的设计思路，当对方表达自己的观点时，你应该不时地点头或者说“对、是的”之类的话，这样一方面让同事知道你有认真听他说的话，另一方面表示自己比较认同他的观点，从而给其自信。

反之，如果对方在阐述自己观点的时候，你不等讲完就打断说“不，你这样想不对”之类的话，却不能提出合理化建议，这样，不仅打击对方的自信心，而且还会产生矛盾，同事以后肯定不愿与你继续探讨甚至合作。

高情商的人说话讲究技巧，会先顺着对方的思路走，不着急表达自己的不同见解和看法，这样可以获得对方的认同感，而后有疑问再巧妙地表达，只有认同感和信任确立之后，才能为交流不同的想法打下基础，以便探讨成功。

读故事，悟情商

楚庄王是楚国的大王，是春秋时期的五霸之一。

楚庄王年轻的时候，特别喜欢自己的马，视为珍宝。他派专人饲养自己的马，他的马穿的是名贵布料做的衣服，住的是豪华大气的屋子，吃的是精挑细选有营养的饲料，待遇比人还要好。而且他不舍得自己的马劳累，准备了专门的马厩给马休息，尽量减少马的运动量，结果，他的马由于过度肥胖死掉了。楚庄王听到这个消息后，心痛极了，这是他的最爱，他怎么能草草埋葬？因此，他下令，依照大夫的礼仪厚葬自己的马，并且各位大臣都要参加这个葬礼。各位大臣觉得这件事太荒唐，纷纷进谏劝楚庄王，楚庄王正在伤心，哪里听得下去，他说："如果谁再进谏阻止葬马的事情，杀无赦！"

优孟听闻楚庄王的言论，一句话不说，走进楚庄王的大殿后，对着天空悲痛地大哭。楚庄王奇怪地问："优孟，你为什么哭得这么伤心？"优孟回答道："大王，您的马死了，本来就应该厚葬啊，况且它是您最喜欢的马，怎么只以大夫级别的葬礼来进行呢？我们楚国这么大，国家强盛，人民富裕，多大的排场都能撑起来，我看咱们应该用国君级别的葬礼来安葬它。"

楚庄王听后，继续问道："具体应该怎么办呢？"

优孟回答道："我看应该用雕玉做成它的棺材，您调动士兵修建坟墓，征用大量的百姓过来为墓地背土。出殡的时候，让齐国和赵国的使者在前面陪着灵车，命令韩国和魏国的使者在后面护卫队伍，葬礼办完后，您再为它修建祠堂，用太牢之礼祭祀它。各诸侯国听说后，就会知道您可以把人看得很卑贱，但把马看得高贵。"

楚庄王一听，立即明白了自己不该如此劳师动众，若不是优孟提醒自己，自己可能要犯大错误了。会因此失去民心和各诸侯国的信任。因此，他立刻停止了厚葬爱马这一荒谬的行为。

优孟面对愤怒的楚庄王，没有直接反驳，而是先附和，顺着楚庄王的思路说话，取得楚庄王的信任，并让其放松警惕，然后按楚庄王的逻辑推理出一个错误的观点，从而让对方感到错误所在，从而认同自己正确的观点。这是一种高情商的说话方法，既不会引起别人的反感，同时也能达到正确引导别人的目的。

点亮自己»

认同感是获取他人信任的基础，是沟通顺利进行的保障。在与人交流沟通时，特别是面对存在敌对情绪的人或者双方关系不熟悉的人，要先获得对方的认同感，这样才能敞开心扉地交流。那么就需要做到以下两点：

第一，顺着对方思路走，恰当地附和。当对方阐述自己的观点时，作为听者，要先顺着对方的思路走，并恰当地附和，让对方感受到你的认同，从而对方会更加有信心，在之后的沟通中也会更加开放，做到敞开心扉地说话。

第二，有足够的耐心，不轻易打断他人说话。听别人说话，要有足够的耐心，当自身有不同的观点时，不要急于打断对方的话语，这是一种不礼貌的行为，会打击对方沟通的积极性。要先听完对方的观点，并认真思考，组织语言，在时机成熟的基础上再进行有效交流沟通。

中篇

带着情商办事：达到最佳化效应

第五章

方圆处事：做对事不如巧办事

没有规矩不成方圆，有所为有所不为乃君子之性，是性情之人；大智若愚，与人为善，懂得变通，可高效办事，是商学之人。在经济高速发展的今天，最成功的往往是这些懂情商之人。

借力使力，效果倍增

荀子在《劝学》中这样写道："假舆马者，非利足也，而致千里；假舟楫者，非能水也，而绝江河。君子生非异也，善假于物也。""假"在文中是"借"的意思，荀子说君子并没有不同的地方，而是有别在善于借助外物。由此可见，借助外力，对于个人成功非常关键。高情商的人做事不使蛮力，善于借助他人的力量，可以使效果倍增。

会借力使力是一种做事的思维所决定的。犹太人说过这样一句话：借别人的鞋子比打赤脚跑得快。因此，犹太人成了世界上最聪明的人，获得了巨大的社会财富。有时，个人的能力有限，想要完成一件事需要借助外力，高情商的人做事都有这个思维，而且善于运用。有这样一个故事，一个父亲让孩子搬一块石头，孩子用尽九牛二虎之力，也没有搬起来。他对父亲说："我做不到，这块石头太重了。我已经尽力了。"父亲对孩子说："不，孩子，你并没有尽力，因为我在这里，你都没有向我求助。"故事告诉我们，其实有的时候仅凭一人之力无法完成一件事，但是如果像男孩父亲说的那样，借助他人的力量，那么就有可能促进事情的完成。

读故事，悟情商

俗话说：好风凭借力，送我上青云。三国时期，诸葛亮是有名的谋士，他有谋善断，懂得借助他人的力量。

一天，周瑜对诸葛亮说："我给你十天时间，请你为我打造10万支弓箭，用于抗曹的战斗中去。"其他的人听到周瑜的话，都觉得这是不可能完成的任务，但是没想到诸葛亮一句拒绝的话都没说，满口答应道："我只需要三天就可以。"他们哪里知道，聪明的诸葛亮，早在心底想好对策，他准备向劲敌曹操借这十万只箭。

第三天四更天，大雾袭城，诸葛亮命人将扎满草把和布幔的几十艘战船连在一起，朝曹营开去，行至大江中间，还命人击鼓，制造大军来袭的假象。曹操在对岸，由于雾大，根本看不清对方的实力，不敢贸然行动，命令弓箭手在对岸射击，以阻拦敌军进攻。曹操军队的箭正好射在诸葛亮事先准备好的草把上，待到天微亮，诸葛亮命人调转船头，回到驻地。命人清点，已有十几万支弓箭。

诸葛亮料定根据曹操多疑的性格，定不会贸然出击，必然会使用弓箭，而且利用自己对天气的判断，知道晚上江面雾大，所以才能兑现自己的承诺。诸葛亮借力使力，留下"草船借箭"的千古佳话。

庄子有言：大鹏借得六月飙风之力，扶摇而上九万里。

英国有一个世界上最大的图书馆，叫大英图书馆，大英图书馆藏书丰富，种类繁多。一天，新图书馆建成，需要把旧馆的书搬进新馆中，因为书的数量极多，光搬运费用就要几百万。这下馆长有些犯难了，一来没有这么多的经费，二来搬运的周期长，影响图书馆的运营。

聪明的馆长想出了一个好主意，他找人在报纸上刊登了一则广告，内容是："从今天开始，图书馆开展一个优惠活动，每个市民可以免费借书10本。但是书看完要还到新馆。"市民们看到这个广告，蜂拥而至，很快就把书借光了。并且看完后都按时还到了新图书馆。就这样，大英图书馆借用爱看书的市民之力，帮自己搬了一次家，同时还让市民阅读到了喜欢的书籍。

因此，面对自己完成比较困难的事情，善于借力使力，就能达到惊人的效果。

点亮自己»

刘邦是汉朝的开国皇帝，他总结自己能够得天下的原因时，这样说道："夫运筹帷幄之中，决胜千里之外，吾不如子房；镇国家，抚百姓，给饷馈，不绝粮道，吾不如萧何；连百万之众，战必胜，攻必取，吾不如韩信。此三者，皆人杰也，吾能用之，此吾所以取天下者也。项羽有一范增而不能用，此其所以为我擒也。"简而言之，就是我个人能力并不是很突出，但是我会用人，我善于借助别人的力量成事，项羽之所以败给我，是不善于借助他人之力啊！因此借力使力，整合资源，可以使效果倍增。正确做到借力使力需要注意以下两点：

第一，正确认识自身能力。有些人骄傲自大，高估自己的能力，做事情时不屑借助外力，因而导致失败；有些人妄自菲薄，低估自己的能力，不敢尝试，止步不前，也不会成功。我们要正确认知自身的

能力，对于个人能力无法完成的事，要善于借助外力。

第二，科学地整合资源。借力要科学管理，这样才能事半功倍，否则将带来负面的效应。例如，刘邦如果对他人的能力没有正确的认知，让张良安抚百姓，让萧何率军打仗，让韩信运筹帷幄，那么就不能充分发挥三人的强项，达不到出人意料的结果。

因此，高情商的人做事时不仅对自身能力有清醒的认知，还能根据情况科学地整合资源，借力使力，使效果倍增。

投其所好，办事要抓住要点

《庄子·庚桑楚》有句名言，“是故非以其所好笼之而可得者，无有也。”辩证学中重点论指出，主要矛盾在事物发展过程中处于支配地位，起决定作用。因此我们办事情的时候要抓重点。具体到事情中，就是要投其所好，着重突破，这样才能促进事情顺利发展。

这里的投其所好并不是无底线地阿谀奉承，而是要遵守法律法规，分析事情的关键点，从而能有针对性地促进事情的解决。如某面包师傅想把自己做的面包卖给饭店的后厨，需要得到经理的同意，刚开始该师傅拿着自己的面包给饭店的经理品尝，经理觉得这个面包的味道与现在一起合作的这家没有什么区别，所以失败了。

后来该师傅发现这个经理业余时间爱好骑行，因此也加入了经理所在的骑行组织，见面后，该面包师开心地与经理聊起骑行的相关故事，充满热爱和认同感。虽然没有说一句面包的事情，但是几天后，饭店的人打来电话，让该师傅将自己店的面包送过去。因此，想要办成一件事，要先分析对方的喜好与生活习性，投其所好，才能抓住事情的切入点，促进事情的成功。

读故事，悟情商

寇准是北宋著名的政治家。一开始的时候，寇准被派遣到地方当官。寇准到任时发现自己负责的地区是饥荒最严重的地区。原来，之前的官员没有把国家赈灾的粮食申请下来，致使灾民饿殍遍野，流离失所，民不聊生。

寇准目睹了百姓苦难的生活，一到任就立即开始开展工作。他找到当地的官吏了解详细情况，并进行了大量的明察暗访，了解了事情的真实情况。原来，此地并不是所有的人家都缺粮，有一部分富庶的大户不但不缺粮，而且还偷偷囤积了大量的粮食；另一方面，由于上一任官员办事不利，没有积极申请赈灾物资，加上朝庭对各地的情况不了解，导致国家下拨的赈灾粮款被分到了一些灾害并不严重的地区，反而是这个灾荒严重的地区没有得到充足的救济。寇准明白了原因，决定先从当地的大户下手。

一天，寇准带着手下来到本地最大的一户人家里，这户家财万贯，而且影响力极大，据了解，这个富商在饥荒时囤积了大量的粮食。

寇准和富商寒暄了几句，问道："听说在饥荒中，你们家还存有好多粮食呢？这是真的假的？"

这个富商明白，若是承认自己存有粮食，就会被寇准征走，连声说道："寇大人，冤枉啊，我们也是没有粮食吃了，怎么会囤粮，不信的话，你们可以进去搜查。"

寇准听到富商的话，从容地喝了一口茶，慢悠悠地说道："你这里最好没有囤粮，王法可管不住饿急眼的灾民，你说，我找不到的粮食，想活命的灾民也找不到吗？"

说完，寇准站起身准备走，富商听了寇准的话，吓出一身汗，寇准话里话外的意思分明是自己不拿粮食，就要授意灾民过来找粮，灾民数量庞大而且不计后果，到那时自己的损失会更大。富商想到这里，他连忙赔笑把寇准请回来，改口道："寇大人，小人真的没有囤粮食，但是家里还留有足够的余粮，受灾的都是自己的乡里乡亲，我心里也过意不去，我自愿做回善事，把自家准备的余粮给灾民奉献出去，希望寇大人给我做主，确保灾民按秩序领取。"

寇准听后，表示赞同，并提到不再追究他囤粮的事情，立即安排人负责开仓放粮。

由于这个富商影响力非常大，其他的富商知道这件事后，也效仿他开仓放粮。因此，寇准负责的州县饥荒得到控制，他也因此赢得了百姓的好评。不难看出，寇准的做法抓住了事情的主要切入点，在充分了解情况的前提下开展工作，促使事情得到圆满的解决。

除了寇准，西奥多·罗斯福也是一位说话、办事抓重点的人。哥马利尔·布雷佛这样评价罗斯福："无论是一名牛仔或骑兵，纽约政客或外交官，罗斯福都知道该对他说什么话。"其实罗斯福并不是一个特别博学的人，他只是在做事或者接待他人之前，提前对对方感兴趣的事项做一个深度的了解，这样见面聊天的时候，从对方感兴趣的话题入手，就能吸引对方的关注，激发对方的热情。打动人心最佳的方式是：跟他谈论他最感兴趣的事物。换另外一个说法，就是投其所好，才能打动人心。

点亮自己»

明·冯梦龙在《东周列国志》第八十回中说道："今王志在报吴，必先投其所好，然后得制其命。"可以看出，投其所好可以帮助自己取得成功。也就是说，与人沟通时谈论对方喜欢的话题或者事物，一方面可以让对方感受到尊重和被了解，是一种被重视的感受；另一方面，投其所好可以促进沟通的顺利进行，以期达到自己的目的。但是，要真正做到投其所好，抓住事情的重点，需要注意以下两点：

第一，事前对事情要有透彻分析。"投其所好"要先明白"其所好"是什么，这就要求在办事情前对事情有一个透彻的分析和详细的了解，这样才能抓住事情的重点，投其所好。否则，对事情没有充分的了解，就会出现分不清轻重，甚至是马屁拍在马蹄上。不仅不助于事情的解决，还会带来更加严重的后果。

第二，掌握适度原则。投其所好要掌握适度原则，太过夸张，就变成了阿谀奉承。因此投其所好要遵守道德和法律的要求，不做违法的事情。如在影视剧《人民的名义》中，丁义珍为拿到重点项目的审批，抓住赵德汉爱财的特点，向他行贿。这不是投其所好，这是违反法律乱纪的行为。所以，投其所好要掌握适度的原则，不越界。

懂得合作，利益共享

《周易·系辞上》一书中，有这样的一句话：二人同心，其力断金。这里的“同心”指的是团结合作，“断金”指让金子断裂。意思是说，只要两个人一条心，就能迸发使金子断裂的力量。由此可见，团结可以产生难以预料的效果。类比现代社会，一个人的能力和社会资源有限，而且单凭自身的能力，办成一件复杂的事情相对困难，不但耗时长，负担和压力也倍增。因此，连同他人一起完成，不但提高了效率，合理利用了资源，还能增加成功的机率。当代年轻人都非常喜欢的小米手机，就是通过各个国家的技术合作，来达到最优性价比的，并靠此赢得了年轻人的市场。

俗话说“一个和尚挑水吃，两个和尚抬水吃，三个和尚没水吃”。办事情需要讲究合作，但是也要懂得利益共享，这样才能促进合作的顺利开展，促进以后能持久的合作。如果不懂得利益共享，心怀私心，心胸狭窄，那么最终会导致“三个和尚没水吃”的结局。不仅会因此失去人心，之后的合作也无法促成。像拉封丹说的那样，“若不团结，任何力量都是弱小的”。当一个人不懂得如何团结他人，那么就没有人愿意与你合作，你就会成为那最弱小的一股力量。

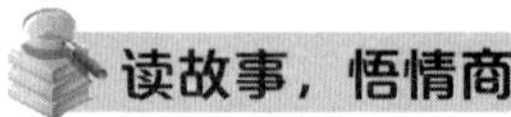

读故事，悟情商

在我国古代，有这样一则故事：两个饥饿的人正在赶路，但已经饥肠辘辘，无精打采了。这时，迎面走来一位老者，他对这两个饥饿的人说："我这里有一根鱼竿和一篓鲜鱼，分别送给你们。"其中一个人选择了鱼竿，继续艰难地往前赶路，认为只要找到有鱼的大海就能解决饥饿了，无奈路途遥远，这个人没有走到海边就饿死了。另外一个人要了一篓鲜鱼，他饿极了，就地生起篝火，烤起了鱼吃，他贪恋鱼肉的鲜美，每顿都要吃个十二分饱，不出几天，就把满满的一篓鱼吃光了，最后饿死在空空的鱼篓边。

而另外两个饥饿的赶路人，同样遇到了老人，老人给了他们同样的东西：一根钓鱼的鱼竿和一篓鲜鱼。两个人分别选了一样东西，但他们思考了一下，决定还是一起前进。他们商量好，鱼篓里的鱼在饿的时候只能一次吃一条，因此，他们靠这篓鱼支撑到了海边，利用老人送的鱼竿钓到了更多的鲜鱼，他们不但活了下来，还以捕鱼为生，盖起了房子，有了家庭和孩子，过上了幸福的生活。

同样的条件下，选择合作，可能达到共赢；选择各自为战，最后都可能会走向灭亡。因此，我们做事情的时候，要学会合作。奥斯特洛夫斯基说过同，"共同的事业，共同的斗争，可以使人们产生忍受一切的力量"。因此，办事情的时候，找到自己的合作伙伴，这样不仅能够统一战壕的力量，还能各取所长，协同高效解决自己无法解决的问题。

点亮自己»

《吕氏春秋》中有这样一句话“万人操弓，共射一招，招无不中”，由此可见，团结合作可以使难事成功。

美国的韦伯斯特也说过：“人们在一起可以做出单独一个人所不能做出的事业；智慧＋双手＋力量结合在一起，几乎是万能的。”团结合作好过单打独斗，合作能创造奇迹。有人甚至将当代人类的进步归功于合作。如电话的发明需要贝尔和沃特森的合作，获得诺贝尔物理学奖的“宇称不守衡理论”来自于李政道和杨振宁的合作。

合作对于成功的重要性不言而喻，但是合作后对待利益的态度决定了今后的合作能否顺利开展。聪明的人，对于合作取得的成功，会做到利益共享，使合作达到共赢的结局。这样才能为以后更多的合作打好基础。

办事情时懂得合作、利益共享能使弱小变强大。而我们在合作时要注意以下两点：

第一，合作前明确目标责任。双方合作前要明确目标，以使参与双方站在统一战线，为同一个目标而努力；双方还要明确责任，这样有助于分工，为之后的合作定好规则，这些是合作的前提，有助于合作的顺利开展。

第二，合作时相互配合，团结一致。合作时双方要发挥自己的特点，各取所长，这样才能促进事情高效推进。过程中要相互配合，团结一致，做到充分的沟通，避免因沟通不充分而产生误会。

小事糊涂，大事不糊涂

郑板桥是我国著名的文学家和书画家，他最有名的一幅匾额是“难得糊涂”。也是在警示世人做人、办事都要学会在小事上不计较，难得糊涂，而大事不糊涂。

小事糊涂体现了个人宽广的胸怀。现实的生活中，不如意事常八九，世界上也没有绝对的公平。办事情的时候，对于没有触犯原则性错误的小事，要难得糊涂。否则，锱铢必较，不仅给自己徒增烦恼，还会让他人感受到压力和不快。高情商的人对待小事，会采用糊涂的态度，睁一只眼闭一只眼。这样可以促进事情的发展，并且也能展示出自己的宽厚胸怀和豁达的心态，使自己的人际关系越来越好；大事不糊涂指的是在事情的重要方面要把握住，特别是原则性的问题，不能偏离事情的原则轨迹。

读故事，悟情商

《红楼梦》中，性格特质最突出的是王熙凤，她能说会道，精明能干，操持贾府上上下下的大小事务，依旧是游刃有余。但是王熙凤的命运却是悲惨的，对她的判词中这样写道：“机关算尽太聪明，反误了卿卿性命。”她一生以悲剧收尾，究其原因，在于小事也太聪明，

没有难得糊涂的品质，最后招致“生前心已碎，死后性空灵”。

贾府中的人对王熙凤评价很多，例如“天下人都叫你算计了去”“嘴甜心苦，两面三刀”“上头笑着，脚底下使绊子”“明是一盆火，暗是一把刀”等，从这些评价中可以看出，王熙凤是一个精于算计、工于心计的人，只知道占光，不知后退，连她的丈夫都背叛了她。因此说，王熙凤的聪明不是大智慧，而是小聪明，因此反被聪明误。王熙凤缺的正是小事糊涂。

小事糊涂是一种人生大智慧，能够做到小事糊涂的人，都不计较，不卖弄，也能赢得他人的信任。

曹操的麾下有一个谋士叫杨修，他是典型的小事不糊涂，小事爱显摆的人，自恃其才，颇为骄傲而惹祸上身。

一天，曹操建了一个花园，验收时，在花园门上写了一个“活”字，监工不明白曹操的意思，杨修却说：“我知道，他在门上添个活字，就是‘阔’字，他的意思是门修得太阔了。”几天后，曹操再到花园，发现休整后的门正好符合自己留下的字意，问道：“是谁看懂了我写的字？”

大家回答道：“是杨修”。曹操是个多疑的人，而且嫉妒心强，自此便对杨修有些厌恶。又有一次，有人送来一盒点心，曹操一口没吃，而是在盒子上写了三个字“一合酥”。大家都不知道曹操的意思，杨修看到后，打开礼盒，将点心分吃了。曹操看到后问道：“你们为何吃掉了点心？”杨修得意洋洋地回答道：“我是按您的意思做的，您在盒子上写一人一口酥，正是这个意思啊。”曹操表面上夸奖他，但是心里很不痛快，同时打定主意除掉杨修。

杨修的小聪明给自己埋下了祸根。为人处世，要懂得在小事上难得糊涂，不能太张扬，而于大事做到不糊涂。小事糊涂不纠结，可以让自己不为小事所累，这是一种人生智慧，更是一种高情商。

点亮自己»

古人说过“水至清则无鱼，人至察则无徒”。要想维护良好的人际关系，要学会方圆处事，对待小事情不计较、不算计，不怕吃亏，心胸宽广；大事情要明白轻重，讲原则，该不糊涂时就不糊涂，这样才能左右逢源，逢凶化吉。

要做到小事糊涂、大事不糊涂，需要注意以下两点：

第一，小事要以平常心对待。对待小事要云淡风轻地对待。因为没有绝对的公平，如果每件事都斤斤计较，那么一定会使自己很累，还可能会得罪很多人。对于小事，要用难得糊涂的态度去对待，这样可以让自己更加轻松。

第二，大事不糊涂。大事要聪明，不能糊涂。对于大事，自己要明白事情的原则和底线，方向不能错，才能促进事情的成功。如公司派你和合作伙伴谈论商品的价格，对方对你实施糖衣炮弹的诱惑，让你降低价格，此时，你要坚持原则，委婉地拒绝对方的要求，不能由于个人糊涂给公司带来无法估量的损失。

高调办事，但要给自己留后路

人们平时大多总是强调要义无反顾，勇往直前。中国的传统故事中也有破釜沉舟之说。但是在我们的生活实际中，除了一些特殊的情况外，我们做事情的时候最好还是考虑全面一些，给自己留一条退路，以便前路不通的时候有个回旋的余地。如高情商的人会方圆处事，做事情即便高调，但是做事时会前思后想、通盘考虑，懂得给自己留余地。正所谓："退路和出路一样重要，在找出路的时候，请你给自己留退路。"

读故事，悟情商

东汉建安二十年，孙权亲率十万大军攻取合肥，当时驻守合肥的曹军只有七千人，面对如此大的人数悬殊，曹营军将人心惶惶。

当时驻守合肥的是张辽、李典、乐进三位将军，商议对策时，薛护军说："曹丞相预料到孙权要攻打合肥，临出征之时给了我一个锦囊妙计，让我在孙权兵临城下的时候拆开。"

张辽三人拆开锦囊，里面的内容是"若孙权至者，张李将军出战，乐将军守，护军勿得与战。"大意是如果孙权大军到了城下，张辽和李典将军出城迎战，乐进将军守城，薛护军不参与战争。

乐进看到曹操的话，一下子就急了，说："敌人十万大军，我们只有七千人，如何守城？"

这时主将张辽说道："曹公带着主力在远处作战，我们等他过来救，只有死路一条。曹丞相的话，是想要告诉我们，在敌人立足未稳的时候，出其不意冲进他的部队，打他一个措手不及，挫了他的锐气和斗志，以便安抚我们军心，这样合肥城才能守住。"

其实，曹操的计策有三层意思，第一出其不意，第二以逸待劳，第三先声夺人。张辽的正确理解确立了合肥战役的方向。张辽带领八百人冲向敌军，斩杀两员大将，所向披靡，无人能挡，直至孙权大帐。张辽的八百人大大打击了敌军的士气。

后人评价合肥之战，这样说道"张辽善打仗，曹操善带兵"。曹操的锦囊之计可以看出他思考问题心思缜密，留有余地。

三国时期还有另外一个故事：马谡是蜀国的一员大将，他熟读兵书，自恃韬略颇高。一天，诸葛亮率军北伐曹魏，安排马谡镇守街亭，他多次嘱咐马谡："街亭虽然小，但是关系重大。你到达街亭后要靠山近水安营扎寨，一定要谨慎小心。"马谡当即立下军令状，未给自己留后路。

到达街亭后，马谡完全忘记了诸葛亮的嘱托，将大军驻扎在山上，并对提出异议的副将王平说道："我通晓兵法，世人都知道，丞相有时候都要向我请教，你王平在军营中长大，连字都不会写，怎么会懂兵法！"

魏国派张郃进攻街亭，张郃看到马谡舍水上山，心中暗喜。他派

人将马谡军队的水源和粮草切断，并放火烧山，马谡军马不战自乱，最后大败。

马谡做事情考虑不周，安营扎寨不考虑退路，终使战争失败。马谡的失败给蜀国带来巨大损失，使敌军扭转了战局。因为马谡事前又立有军令状，无奈，诸葛亮挥泪斩马谡。

点亮自己»

中国画讲究留白，指的是不画太满，要留有余地；“狡兔三窟”为自己的生存留有余地；“人情留一线，日后好相见”指与人相处要留有余地，不能将话说太满，把事做太绝；《醒世恒言》说：“世事翻腾似轮转，眼前吉凶未必真。”

因此，做事情时要考虑周全，为自己留足余地。要想成为高情商的人，我们在生活中办事要注意以下两点：

第一，积极准备，高调做事。做事前积极准备，做事时高调执行。如领导安排你统计一项员工资料，你首先应该对于领导的统计要有一个完整的认知，另一方面要高调做事，因为这件事涉及到单位的每一个人，要先让单位的同事知道你负责这件事，积极争取各部门员工的协助，这样工作起来就会顺利很多。

第二，通盘考虑，留有余地。做事时要通盘考虑整件事情，对于可能出现的问题有一个了解，并做好应急预案。这样做事情的时候若有突发情况才能及时处理，为自己留有退一步的空间。

第六章

绝对成事：目标达成的情商法则

有些人办事，无论历经多少困难与挫折，最后绝对能成功，达到自己的目标。很多人不得其解，他是怎么做到的呢？其中最重要的一个因素便是情商的融入，让他变得勇敢而强大，即使失败，也只是暂时的缓冲而已。

成事之人，犹败也敢言勇

纵观历史，大凡成事之人，都有很高的情商。高情商能够帮助他们正确面对失败，并用积极的态度面向未来，最终取得成功。

亨·奥斯汀说：“这世界除了心理上的失败，实际上并不存在什么失败，只要不是一败涂地，你一定会取得胜利的。”由此可见，高情商的人办事，坚信事情一定能够成功，就像亨·奥斯汀说的那样，这世界根本不存在什么失败，除了心理上的失败。因此，高情商的人即使遇到了失败，也会在心中建立更强大的对成功的渴望，他们始终相信，我没有失败，我只是暂时停止在成功的起点上。

古今中外成功的人中，大都经历了暂时的失败。例如失聪的贝多芬，最终创造出伟大的乐章；受到当局打压的哥白尼，坚持日心说，推进了科学的进程；身患重疾的霍金，提出了全新的“黑洞”理论等等，他们面对失败时，没有任由自己意志消沉下去，而是通过自己的高情商，为自己找到了信心和勇气，让自己更强大，最终迎来了辉煌的胜利。

读故事，悟情商

英国科学家发明了一种用炭棒做灯丝的电灯，这种电灯光线刺

眼，寿命短且耗电量大，美国的发明家爱迪生下定决心，要发明一种更具实用价值的电灯。

发明电灯要从灯丝材料开始做起。爱迪生实验了7000多种灯丝材料，结果都不理想。大家都劝爱迪生放弃，当时有记者嘲笑爱迪生道：爱迪生的梦想已是泡影，他的实验毫无意义。但是爱迪生不气馁，继续一次次地努力。

一天，爱迪生的老友来拜访爱迪生，爱迪生看到朋友满脸的胡子，心中一动："胡子没有用过。"他对朋友说道："我要用你的胡子试试"。爱迪生将朋友的胡子先进行炭化处理，小心翼翼地装到灯泡里，遗憾的是，效果并不理想。爱迪生送朋友时，帮朋友将棉线外套穿在身上，他灵机一动，"棉线，我可以再试试棉线！"他立即投入实验，结果用棉线制成的灯泡亮了45小时。他的研究有了跨越性的进展。之后，他又发现用竹丝作灯丝，灯泡可以亮1200个小时，自此之后，灯泡逐渐走入寻常百姓家。

当爱迪生实验材料失败了一千多次之后，他的助手对他说："我们已经失败了一千多次了，成功离我们越来越远，咱们还是放弃吧！"

爱迪生却说："到目前为止对我来说，收获还是巨大的，我们虽然没有发现适合做灯丝的材料，但是我们至少发现有一千多种材料不合适做灯丝啊。"爱迪生的话给助手带来了继续下去的信心和鼓励，因此他们最后还是走向了成功。

对爱迪生来说，一千次的失败不是真正的失败，而是走在接近成功的路上。他是犹败也敢言勇的人，暂时的失败能给自己更大的勇气。

点亮自己»

失败是每个人都必须要面对的事情，常言道，“没有人能随随便便成功”。面对失败，有的人一蹶不振，消极对待；情商高的人，将失败看做离成功更进一步的垫脚石，因此会更加努力。我们每个人在办事情的时候，或许都会遇到失败，但面对失败和挫折，要做到犹败也敢言勇，要坚信“长风破浪会有时，直挂云帆济沧海”。

要做到犹败也敢言勇并不简单，需要遵循以下两点：

第一，正确看待失败。面对失败，要用正确的心态面对，首先，要认识到，失败是人之常情，尝试一件新事物，遇到的弯路会很多。所以，要以平常心面对失败；其次，转换角度看待失败。失败并不是宣判死刑，而是关闭了一个误入歧途的通道，代表着离成功更近了一步。所以，要用正确的心态看待失败，要能看到失败背后的希望，并坚信自己能够成功，再度进攻的勇气不可失去。

第二，练就强大内心。爱迪生发明灯丝做了七千多次试验；张海迪与病魔斗争的同时创作和翻译了100万余字的作品。我们办事情的时候要像他们一样拥有强大的内心，这样面对一次又一次的失败，还能保持昂扬向上的斗志。贝多芬说过：“苦难是人生的老师，通过苦难，走向欢乐。”似乎苦难是快乐的前缀，失败是成功的引子。面对一次次的失败要淡然处之，只要拥有强大的内心，那么成功定不会缺席。

高情商的人面对失败，能正确看待失败，并且拥有强大的内心，所以能够重整旗鼓，做到犹败也敢言勇。

拒绝贪婪，远离陷阱

老子说："罪莫大于可欲，祸莫大于不知足，咎莫惨于欲得。故知足之足，恒足矣。"可见，贪婪和欲望是罪恶和祸患的源头；庄子也曾说"贪财而取危，贪权而取竭"，是说，无尽的贪婪是人性的敌人，贪婪能让人落入陷阱。

高情商的人办事对结果有合理的预期，不贪婪，适可而止，容易满足。如高情商的人买股票，对自己的收益有合适的期待，不会像狂徒一样暴赌，这样下来，整体收益稳定，不会于贪婪之中遭受大跌惨重的风险和损失。

古希腊哲学家亚里士多德也曾说过："放纵自己的欲望是最大的祸害，不知自己的过失是最大的病痛。"他并不否认人应该有欲望，但他清楚地告诉人们，欲望必须有节制。欲望过多，就是贪婪，它如杂草一般，如果在心中任意滋长，就会形成毒药，迷失心智，毒害自己的身心和灵魂。

读故事，悟情商

唐朝的王毛仲是唐玄宗身边的近臣，由于帮助唐玄宗登基有功，唐玄宗对其非常看重，还把他当成自己的兄弟。唐玄宗评价与王毛仲的关系时这样说道："或时不见，则悄然有所失；见之则欢洽连宵，有至日晏"。意思是一段时间不见面，就感觉像丢了什么似的；见了就非常高兴，能说一个通宵的话而不知疲倦。

王毛仲自从辅佐唐玄宗登上皇位后，官位从左武卫大将军到开府仪同三司，物质的奖励都是双份，王毛仲的儿子从出生就被封为五品官，还可以和太子一块儿玩，这种待遇，其他的大臣都无法得到。但是王毛仲并不满足，他贪婪于权力和荣华。一次，竟张口向唐玄宗提出要升官。王毛仲觉得自己的官位权力不大，他向皇帝申请当兵部尚书，这可是类似于目前的国防部长的职位，权力极大，主管整个国家的兵权。

唐玄宗知道，王毛仲与当朝的御林军首领结了儿女亲家，如果把兵部尚书的职位再给他当，那么这两家联合起来就控制了整个国家的军权，皇帝的统治肯定会受到威胁。因此，唐玄宗拒绝了王毛仲的要求。王毛仲听到皇帝的拒绝后便"怏怏形于辞色"，唐玄宗看到后很不高兴。唐玄宗十八年，王毛仲又喜得一子，唐玄宗派高力士给王毛仲送去丰厚的贺礼，同时授予他的小儿子五品官位。这是至高的荣耀，平常的大臣想都不敢想的待遇。但是，王毛仲看到贺礼和官爵，不满地说道："我的孩子难道不配给三品官位吗？"

唐玄宗听到高力士的汇报，非常气愤，并对王毛仲彻底失望了。此后，唐玄宗下令贬王毛仲到瀼州，并在路上找人把他杀了。

王毛仲的贪婪，惹怒了唐玄宗，他也因此丧命。

《伊索寓言》中讲过这样一个故事：从前，一个农夫家里养了一群鸡，小鸡慢慢长大，到了下蛋的年龄。有一天，他们在院子的鸡笼

里捡到一颗金蛋，农夫和妻子开心极了，他们心想："这个鸡好神奇，竟然下了一颗金蛋，我要好好喂养它。"从此，一日三餐，都喂它最好的饲料，这只鸡也争气，每天都按时下一颗金蛋。

日子一天天过去，农夫和妻子的贪婪之心渐渐膨胀，他们对金子的渴望随着金蛋的增多而成倍增长。农夫和妻子心想："这只鸡肚子里肯定有一大块金子，如果直接把金子拿出来，就不用等它天天下蛋了，而且还能一下子得到一大笔钱。"农夫和妻子越想越高兴，他们捉住母鸡，二话不说就把母鸡杀掉了，打开母鸡的肚子一看，什么也没有，跟普通的母鸡一样。这对夫妻傻眼了，鸡死后，他们不但没有得到金子，反而把每天一个的金蛋也丢掉了。

点亮自己»

艾青说："自私和贪婪相结合，会孵出许多损害别人的毒蛇。"贪婪让人迷失自己，会蒙蔽看世界的双眼，容易掉入陷阱。

高情商的人办事情，事前会对结果有一个合理而清醒的预期和认知，对于不该是自己得到的不贪婪，以防掉入陷阱。拒绝诱惑，远离陷阱，需要做到以下两点：

第一，事前对结果有清晰的认知。对结果有了清晰的认知，这样就会避免陷入贪婪的旋涡。比如俗话所说："莫伸手，伸手必被擒"，就是如此。

第二，知足常乐，远离陷阱。高情商的人都懂得知足常乐，控制心中的贪婪，这样才能远离陷阱；不知足常乐的人，一味追求，最终会导致个人的失败。如亚历山大、希特勒、拿破仑等，不知满足，一味扩张领土，最终导致王朝的覆灭。夏桀、商纣王、隋炀帝等历史上的昏君，不知满足，一味贪图享受，致使社会矛盾尖锐，最后国家灭亡。

沉住气，才能扛得住事

苏轼的《留侯论》一文中有这样的一段话："古之所谓豪杰之士者，必有过人之节。人情有所不能忍者，匹夫见辱，拔剑而起，挺身而斗，此不足为勇也。天下有大勇者，卒然临之而不惊，无故加之而不怒。此其所挟持者甚大，而其志甚远也。"其意思是天下真正勇敢的人，遇到突发情况不惊慌，遇到无缘无故加到自己头上的罪名也不生气，原因在于他们胸怀宽大、目标长远。由此可见能沉得住气的人可以扛得住事，也就能成大事。

当今社会，生活节奏快，选择和困难很多，我们要能沉得住气，压抑自己心中的浮躁、耐得住寂寞，忍得了不平，这样才能成大器。司马迁的《报任安书》中给我们讲了很多沉得住气、不浮躁的例子："文王拘而演《周易》；仲尼厄而作《春秋》；屈原放逐，乃赋《离骚》；左丘失明，厥有《国语》；孙子膑脚，《兵法》修列；不韦迁蜀，世传《吕览》。"这都说明了学会忍耐，等待机会，沉着冷静，最终才能够取得成就。

读故事，悟情商

三国时期，马谡失守街亭，造成局势不利，诸葛亮带2500士兵退守西城县。刚落脚没多久，就有士兵飞马报告："丞相，前方来报，司马懿带15万大军，向西城方向而来，请丞相定夺。"

此时，诸葛亮身边都是文官，大将们都在前敌迎战，无人可以过来营救。他们这帮人的战斗力无论如何也抵不过司马懿的15万大军。这些文官听到这个消息，一下子乱了阵脚，不知该如何是好，心想此次必死无疑了。

诸葛亮略微沉吟，立即传令道："吩咐下去，先将我们的军旗藏起来，不要出现在街道上，士兵们守在巡哨的岗位上，不得随便出城，不得高声讲话，若有违反命令，格杀勿论。最后，将西城县的四个城门全部打开，每个城门口的街道上安排20个军兵装扮成老百姓打扫街道。司马懿大军到来之时，也保持打扫状态，不可轻举妄动。"

安排完命令，诸葛亮披戴整齐，身边带两个童子，在城墙上凭栏而坐，点上香火，操琴弹奏，镇定自若。

司马懿的前哨将看到的情况汇报给主帅，司马懿听到后，心生疑惑，连忙命令军队停止前进，自己骑马上前观望。他看到诸葛亮羽扇纶巾，笑容从容，左右童子面色镇定，听着诸葛亮弹琴，再仔细观察城门，发现西城县城门大开，只有二十来个老百姓在旁若无人地打扫街道。司马懿看后，感觉城中人们有恃无恐，城内一定有重兵埋伏，不敢冒进，立即命令部队撤退。

司马懿的儿子司马昭问父亲撤退的原因，司马懿回答道："诸葛亮这个人是个很谨慎的人，从来不做冒险的事，今天却大开城门，其中肯定有诈，我们不能久留，否则一定会中他的计。”

诸葛亮面对力量悬殊的敌人，知道逃跑肯定是死路一条，便使用“空城计”，使司马懿不敢进城。诸葛亮利用2500人对抗15万大军，而“空城计”的精髓在于他能沉得住气，试想，如果当时沉不住气，让司马懿看出破绽，那么，毫无疑问诸葛亮就会全军覆没。

点亮自己

沉得住气显示出了一个人过硬的心理素质，体现了一个人的沉稳和成熟。如果面对突发情况或者莫须有的罪名，要学会沉得住气，不动怒，不行于色，要学会克制自己。情商高的人做事，会冷静对待各种状况，并且能很好地控制自己的情绪。而要做到这一点，需要注意以下两个方面：

第一，克制自己。沉得住气首先要做到学会克制自己的冲动，否则失去理智，会做出令自己后悔的事情。如三国时期，楚汉两军对垒，项羽安排自己手下的大将曹咎守住城池，告诉他只要坚守半个月，就能阻挡住刘邦的军队，便为其记大功。但是刘邦和张良商量了对策，决定通过“骂城记”逼曹咎出兵。他们派人去城下叫骂，言语污秽不堪，还在城墙上画画侮辱曹咎。冲动的曹咎忍受不了，带兵冲出城外与敌人作战，冲进了汉军的埋伏，结果全军覆没，还丢了城池。这都是因为曹咎没有克制住自己的怒气，没有沉得住气，致使自己陷入对方的陷阱。

第二，平息怒气。沉得住气就要学会平息自己的怒气，这样才

能做好自我心理疏导，做到“三思方举步”，减少心中怒气。如我国的禁烟英雄林则徐，在自己的房间挂了一个带有“制怒”两个字的横幅，以警示自己不要发怒。禁烟运动前夕，林则徐听说海关的豫坤和洋人勾结，准备破坏禁烟运动。林则徐怒摔茶碗，但是当他抬头看到了牌匾上的“制怒”的时候，立刻沉住气思考事情的解决方法，并若无其事地接待豫坤，经过周旋，他终于解决了这件事情，完成了禁烟运动。因此说，只要学会自己平息怒气，做到“每临大事有静气”，就能促进事情的顺利开展和完成。

给人方便，也是与己方便

美国著名的散文家爱默生曾说：“人生最美丽的补偿之一，就是人们真诚地帮助别人之后，同时也帮助了自己。”这告诉我们，在生活中，我们帮助别人，与人方便，其实也是帮助自己，与己方便。

“念念不忘，必有回。”当你给人方便时，作为他人，会感念你的付出，当你有事情时，他人也会及时伸出援手，给你方便。因此，社会中的人与人的相处之道是相互的，当你对他人恶语相向，那么对方也许会“以其人之道还治其人之身”，也对你百般刁难，所以，在办事的时候，要有奉献精神、乐于助人的精神，尽力给人方便。

高情商的人会有良好的人际关系，办事情遇到困难时总会有人乐意伸出援手，这得益于他们的高情商。他们懂得道路狭窄，留空间给他人；滋味浓厚，减几分让人品；他们懂得与人方便，也是与己方便；给人留余地，也是给自己留余地。例如，总有人抱怨单位同事心眼多，不好相处，交不到知心的朋友。反观其自身，发现他自己就是一个自私、不愿意帮助他人的人，平常办事办绝，你有事的时候怎么会有人愿意帮你呢？

读故事，悟情商

从前，一个农夫家里有一头驴和一匹马，家里的重活累活都是这头驴负责，拉磨、驮重物、耕地，驴累得气喘吁吁；而马呢，生活在马厩里，农夫一天多次地喂草、饮水，小马生活得安逸幸福。

一天，拉完磨的驴来不及休息，主人又让它驮着粮食去很远的市集，驴累得不行了，哀求悠闲的小马道："求你帮我驮一点东西吧，这点东西对你来说一点都不沉，但是对我来说能让我轻松很多。"

悠闲散步的小马听到后，不屑地说："我凭什么帮你驮东西呢，那是你自己的事，我可管不着。"

终于，劳累过度的驴生病了，而且一病不起，不久就死了。农夫将驴负责的活儿全给了小马，拉磨、驮重物、耕地，小马后悔不已，懊恼地说："早知道，我就应该帮助驴分担一些了。"

这则寓言充分说明了，帮助别人就是帮助自己，与人方便就是与己方便。

洛克菲勒出生在美国俄亥俄州的郎德镇，这里以生产棉纱而闻名。一天，10岁的洛克菲勒在镇上玩耍，看到有一个人站在自己的

货车旁，急得团团转，洛克菲勒跑过去，问道："请问你需要什么帮助吗？"

眉头紧锁的男子指了指没有气的轮胎，苦恼地说道："你看，它瘪了，车胎爆了。"

"那太简单了，您等我一下！"小洛克菲勒说完，急匆匆地跑回家拿了修补工具，男子特别感激洛克菲勒，补轮胎的时候和他聊天，得知他们家是做棉纱生产的，他说道："那正好，我去你们家的商店买棉纱。"并且为表示感谢，男子与洛克菲勒家的棉纱商店签订了长期的供货合同。

洛克菲勒从小就知道方便他人就是方便自己。等他长大后，建立了自己的商业帝国，他建立的洛克菲勒家族生意网，遍布全国。虽然富甲一方，但是洛克菲勒仍然坚持方便他人就是方便自己的理念。

二战结束后，美国有建立联合国大厦成立联合国的工作计划，但是在寸土寸金的纽约，建立联合国大厦需要昂贵的地皮。洛克菲勒听说后，自愿捐出了一块价值连城的地皮。联合国大厦建成后，洛克菲勒家族又买了很多大厦周边的土地，因为联合国的修建，这些土地价格飙升，洛克菲勒家族因此获得了更多的财富。

洛克菲勒将方便他人就是方便自己的理念践行在自己的一生中，还多次对自己的后代说："帮助别人就是强大自己。"

点亮自己

赠人玫瑰，手有余香。其实，方便他人就是方便自己。在当今社会，人际关系占据社会生活的方方面面。我们在说话、办事的时候，不能太过自私，不能只扫自家门前雪，而应该多给予他人方便，这样最终回馈给自己的是更大的利益。

拉布吕耶尔也说过：“最好的满足就是给别人以满足。”当你给别人方便的时候，虽然自己需要付出一定的代价，如时间、精力、金钱等，但是你的付出收获了别人回馈给你的方便和满足，另一方便也使自己感受到被需要的成就感。具有高情商的人办事，总会给自己留有余地，能尽自己的力量给他人以方便，这样当之后办事遇到困难时，向他人求助也能得到积极回应。

在生活工作中做到给人方便，需要遵循以下两点：

第一，要舍得。给人方便就是要舍得付出，摆脱懒惰和自私思想。如下班的时候骑电车回家，小区有专门放电车的车棚，但是离得有点远。如果此时，你图省事，将电车放在门洞口，这样不仅妨碍他人出门，还容易丢失，这是一件令他人不方便自己也不方便的事情。如果你摆脱懒惰、省事的思想，按小区的要求将电车停放在专门的停车棚，那么就是方便了他人和自己；或者单位里的同事向你请教一个文案的撰写数据，此时你可以停下自己手头的工作，花费一些时间和精力帮其找资料，这样不仅帮助了他人，下次你做事情遇到困难的时候对方也会很愉快地帮助你。这就是方便了他人也方便了自己。

第二，要尊重。方便他人要尊重他人，方便他人要掌握好适度原则。如隔壁的夫妻由于分歧吵架，你作为邻居想过去帮助让他们解决问题。但是对方往往会觉得你多管闲事，嫌你啰嗦而生厌。因为这是他们自己的家务事，大多不太想让别人知道和参与，需要他们自己去解决。因此，方便他人要尊重他人的隐私，尊重他人的意愿，要掌握好适度原则。

学做勾践，懂得隐忍

《易经》有语："君子藏器于身，待时而动。"由此可见，隐忍是韬光养晦，隐忍是低调潜行。与人沟通交流，难免会遇到尖酸刻薄之人，此时，若是高调反击，吵吵嚷嚷，不仅让他人看笑话，还给人留下不好的印象。对于生活的小事，要学会隐忍和包容，有些误会，不需解释，只要自己心里明白就行；有些轻视，不需证明，韬光养晦定会让他人刮目相看。

隐忍是一种修养，情商高的人处理事物，不会由于别人的误解而停止前进的步伐，而是会隐忍之中暗暗努力，让自己更加优秀。如你作为公司的业务代表，接待国外友人时，由于英语不好，被同事取笑。此时，你选择隐忍，业余时间积极学习口语，并请专门的老师辅导。下一次遇到国外友人的时候，你只需流利地与其沟通，震惊四座，此时，当初嘲笑你的同事也会对你刮目相看。所以说，适时的隐忍是对自己的鞭策，是让自己更加努力的理由。

读故事，悟情商

春秋时期，吴王阖闾打败楚国后统一南方，成了南方霸主。吴国与越国有宿怨，好长时间都不和睦。越王勾践于公元前496年即位，吴王趁越国在为老国王办丧事，就趁机出兵攻打越国。吴王阖闾太过轻敌，中箭受伤，输了战争，一气之下，回国之后就郁郁而终。

吴王阖闾临终前对儿子夫差说："夫差，千万不要忘记替我报仇。"夫差为记住父亲的遗愿，每次经过宫门，都叫手下的人提醒他："夫差，你不要忘记越国杀害你父亲的仇恨。"夫差每次都流着泪回答道："我不敢忘。"夫差安排伍子胥训练兵马，随时为攻打越国做准备。

两年后，终于万事俱备，吴王夫差率军进攻越国，越国的范蠡分析情况后对越王勾践说："吴国准备了两年多，兵强马壮，决心强烈，我们不能正面迎战，应该守城为上策。"

但越王勾践意识不到敌人的强大，执意迎战，两国军队在太湖进行了决战，不出所料，越国大败。勾践和越国的残兵败将被吴国军队围困起来，勾践向范蠡哭诉道："我非常后悔没有听你的话，造成如此惨状，你说现在该怎么办呢？"

范蠡说："我们去求和吧。"勾践听取范蠡的意见，派文仲去吴国求和，经过文仲的协调，吴国夫差终于同意越国的求和，但是他提出了一个要求，必须勾践亲自到吴国。

勾践到吴国后，夫差为了羞辱他，让他住在先王阖闾墓寝边的小屋里，并负责给夫差牵马喂马，做着仆人的工作。这样的日子过了三年，勾践表面上对夫差无比顺从，也毫无怨言地忍受屈辱，夫差以为勾践没有异心，真正归顺了吴国，就将他放回了越国。

勾践回国后，心里暗下决心要报被夫差灭国羞辱的仇恨，为了时刻提醒自己不忘使命，他在饭桌的上面挂了一个苦胆，吃饭前都要先

舔一下苦胆，并提醒自己：“你千万不要忘记在会稽受到的耻辱。”他还用柴草当做褥子，撤去凉席。这就是后人所说的“卧薪尝胆”。

勾践在越国亲自种地，他的妻子也自己织布，鼓励大家参与粮食生产。他虚心听取别人的意见，关心人民疾苦，并出台奖赏制度，鼓励生育，并让文仲管理国家事务，命令范蠡操练人马和军队。就这样，经过十多年的养精蓄锐，越国一天天强大起来，人民也更加团结。最终，在越王勾践的带领下，将吴国打败，并彻底灭掉了吴国。

越王勾践在吴国被逼做奴仆和卧薪尝胆的时候，受到很大的耻辱，却并没有冲动地反抗和做过激的事情，而是一直耐心忍受，等待时机。经过十几年的积累，最终完成了报仇的心愿。他的隐忍，终究等来了机会，成就了大事。

点亮自己»

隐忍是一种个人修养，让人将痛苦忍耐于心，学着一个人担当；隐忍是一种处事态度，理性冷静之中鞭策自己低调潜行；隐忍更是让人练就了宽宏的肚量。高情商的人面对他人的不公或挑衅，都会选择隐忍，以维护相关利益，然后在私下努力奋斗，终究会到达理想的彼岸。

学会隐忍，需要我们做到以下两点：

第一，有肚量。会隐忍的人都有大肚量，对于他人的误解或者嘲笑都是一笑而过，只有忍得了讥讽和不公，才能成大事。例如勾践在吴国受到夫差的侮辱，但是能够隐忍不发，暗中操练兵马，为以后的反攻做准备；三国中的周瑜心胸狭窄，看到诸葛亮计谋胜于自己，说出“既生瑜，何生亮”的感慨，最终被诸葛亮“三气”而死，周瑜肚量小，心胸狭窄，不会隐忍，最终逝于36岁。

第二，有韧劲。隐忍并不是单纯的默默忍受，隐而不发，而是以柔韧的姿态将锋芒隐藏。因此，做到隐忍就要有韧劲，受到不公后要默默努力，低调潜行，像勾践一样，隐忍十几年后，一举将吴国消灭。

遵守承诺，说到就要做到

遵守诺言就像保卫你的荣誉一样，不容损毁，所以要一诺千金，说到做到。一个人的信誉代表一个人的可信程度，在社会关系中，办事依靠的是经人口口相传的信誉度。如果一个人与他人合作，由于不讲信用，导致与对方的合作很不愉快。那么第二次这个人再与其他人合作，由于都同在一个圈子里，这次的合作伙伴听别人说过他不讲信用的历史，就会直接与他中止合作。因此，一个人要为自己的信誉负责，遵守承诺是赢得别人信任的基础。

遵守承诺是一个人为人处世的基本品德，情商高的人无论在什么情况下都会遵守诺言，对自己的话负责。“一言既出，驷马难追”这是君子的基本修养，如果一个人说话不算话，就像“狼来了”中的小男孩，当狼真正来了的时候，大家都不再相信了，最后小男孩被狼吃掉了。如果我们在办事情的时候，说话不算话，出尔反尔，对方会觉得你不值得信任，最后只能是被自己的不讲信用害死。

读故事，悟情商

春秋战国时期，秦国秦孝公想要增强国家实力，以期在战争频发的社会环境中实现疆域的统一。商鞅是一位改革家，秦孝公比较认可他的主张，就支持商鞅在秦国变法。由于当时社会动乱，人心惶惶，商鞅推进改革需要先在人民心中树立威信，以便改革的顺利推行。

一天，商鞅让部下在秦国都城的南门立了一根三丈来长的木桩，并贴下告示：谁将这根木桩搬到北门，就赏十两黄金。人们觉得好奇，都围观看告示，由于这件事很容易做到，所以大家都不相信告示上所写是真的，他们议论纷纷，都不敢去尝试。

商鞅看到民众的状态，就把赏金提高到50两黄金，这下围观的人们都不淡定了，终于，有人站出来尝试，只见他轻轻松松地将木桩搬到了秦国的北门，商鞅立马按照之前的许诺，给了这位勇士50两黄金。

民众看到商鞅真的说话算话，因此商鞅在推行变法时都乐于遵守并积极推广。商鞅通过“立木为信”在民众心中树立了威信，并使新法得到推广。因此，秦国在新法的统治下，变得越来越强大，最终统一中国。

商鞅“立木为信”之前的400年，周幽王生活在自己的王宫里，他是一个贪恋美色的君王。他当时纳了一个叫褒姒的女人为妃，周幽王特别喜欢这位美人，整日围绕在她身边。一天，周幽王看到褒姒不开心，为了博取褒姒的开心一笑，他命令臣子们点燃烽火台上的火把，20 多个烽火台同时点燃，场面壮观，护卫王室的诸侯们看到烽火，以为是君王有难，都急匆匆地率军赶到王宫。褒姒看到平常威严庄重的诸侯惊慌失措的样子，哈哈大笑，周幽王看到褒姒开心，也跟着笑了起来。诸侯看到君王为了博取女人的欢心而戏弄自己，都愤愤然地离开了。

“烽火戏诸侯”五年后，西夷太戎进攻周朝，周幽王命令各路点燃烽火向诸侯报信，希望诸侯速来救急，但是这次，各位诸侯以为周幽王又是骗他们，都没有赶去护驾，结果都城被攻陷，周幽王被逼自刎，而褒姒也被敌军俘虏。

商鞅“立木取信”，赢得了民众的信任，通过变法开启了国家的强盛之旅；周幽王“烽火戏诸侯”，失掉了臣民对他的信任，自掘坟墓，国破家亡。因此，讲诚信，遵守承诺，说到做到，关系着国家和个人的命运。

点亮自己»

三毛在作品中说道：“人际关系最重要的，莫过于真诚，而且要出自内心的真诚。真诚在社会上是无往不利的一把剑，走到哪里都应该带着它。”遵守承诺，说到就要做到，这是人办事成功的基本要诀。古人有“得黄金百斤，不如得季布一诺”的谚语，季布因为讲诚信，言出必行，在当地威望很高，当刘邦当上皇帝要捉拿他的时候，季布的旧友冒着被灭九族的危险帮其脱险，使他逃过一劫。季布的一诺千金，为自己赢得了好的声誉，当他有难的时候，就会有很多人愿意帮助他。如果一个人遵守承诺，说到做到，就会得到他人的帮助，有助于自己事业

的开展。

冯玉祥将军曾说："对人以诚信，人不欺我；对事以诚信，事无不成。"诚信对做人办事有重要的作用。我们要做到遵守承诺，说到就要做到需要坚持以下两点：

第一，表里如一，始终坚持。遵守承诺不是一时的，要坚持不懈，池田大作曾经说过："信用难得易失。费10年功夫积累的信用往往会由于一时的言行而失掉。"因此，遵守承诺是一个长期的为人处世的品格。纵向角度来看，从小就要养成遵守承诺的好习惯，并且要伴随一生；横向角度来看，不管是答应哪方面的承诺，都要说到做到。

第二，承诺有度，量力而行。对人承诺要量力而行，对于自己的能力有正确的认知和评估，当对方提出自己无法实现的要求时，要及时拒绝，否则答应的事情无法兑现，就会使自己丧失诚信，失去他人对你的信任。

第七章

心态至上：情商决定心态，心态决定办事效率

一个人心态的变化受情商的影响极大，也影响着我们办事的成与败，一件事情是否能够做好，办事的方法、方式固然重要，但具备良好的情商心态，才是办事最强的利器。

懂得享受办事过程的快乐

办事过程是一种积累和成长，高情商的人办事会控制自己的情绪和心态，不是只追求办事的结果，而是更加注重过程中的细节，并从中感悟处理事情的技巧，积累经验，享受办事情的过程。这种良好的心态能够让其正确面对办事过程中的不利局面，并积极寻求方法去解决。

日本著名的小说家村上春树在《国境以南太阳以西》中写道："追求得到之日即其终止之时，寻觅的过程亦即失去的过程。"村上春树注重过程胜过结果，他认为追逐事物的过程是得到的过程，得到之时便是终结。村上春树都如此看重过程，那么高情商的人在办事情的时候也更加关注过程，并享受办事过程中的快乐。

读故事，悟情商

司马迁是我国著名的史学家，他写的《史记》有52万余字，是我国历史上第一步纪传体通史。司马迁的家族祖辈都是史官，负责研究和记录历史，他的父亲一直希望自己能够写一部历史论著，记录中华千年的历史，由于年事已高，时间和精力有限，父亲有意培养司马迁，将这个愿望留给司马迁去完成。

司马迁从小跟随做太史令的父亲学习史书，在父亲的指导下，他年轻的时候就读了万卷书，因而历史文化基础深厚。二十二岁的时候，司马迁开始行万里路，用几年的时间游历全国，为写《史记》积累一手资料，他亲自探访历史名人的家乡，认真记录，确保《史记》的真实性。

为了了解韩信，他到达韩信的家乡淮阴，亲自采访记录，了解韩信的为人、抱负和理想。当年韩信受到流氓的欺负，对方逼他从自己的胯下钻过，韩信并没有反抗，而是甘愿忍受胯下之辱。司马迁通过走访了解到韩信抱负极大，他认识到如果自己当时把对方杀死，就算是干了犯法的事情，这样就会给自己招来祸患，没有办法再建功立业，他深知小不忍则乱大谋，因此，韩信的做法是为了以后更好的发展，是理智的做法。通过游历和亲自了解，司马迁掌握了大量的历史实料，为撰写《史记》提供了大量的素材。

公元前99年，汉武帝派李陵征讨匈奴，因为寡不敌众，李陵被匈奴包围并被迫投降。汉武帝叫来司马迁，问其对李陵事件的看法，司马迁直言不讳，告诉汉武帝："我认为李陵率五千军兵抵抗匈奴的八万骑军，并杀死对方一万人，实在是勇猛。他在弹尽粮绝的状态下投降应该是权宜之计，是为了留下性命，为以后更好地报答皇帝。"

汉武帝一听司马迁为李陵辩护，勃然大怒，下令将其投入大牢。由于没有足够的钱财买通官吏，司马迁接受了宫刑。等到司马迁出狱的时候，已经五十来岁了，此时，《史记》还没有完成，他忍受着身体和心理的摧残，坚持书写，并重新将之前写的章节润色修改，终于于公元前91年完成了《史记》。

司马迁写《史记》之时，并不知道自己的成果对于中国历史能够产生如此大的影响，而只是享受创作的过程，才想要写下自己的研究和见闻。他为了从事实角度书写《史记》，不惜游历四方，饱读史书，这个过程不仅自身收获了知识，还为之后的创作提供了大量的资料。他这种享受过程的心态值得我们学习和尊敬。

点亮自己»

歌德是德国著名的剧作家、诗人、思想家，他曾经说：“一个有真正大才能的人却在工作过程中感到最高度的快乐。”真正的伟大不在结果，而在过程。享受过程中的快乐能够让事情向好的地方发展。要想享受办事过程中的快乐，需要做到以下两点：

第一，摆正心态，认识过程的重要性。办事情的时候摆正心态很重要，高情商的人办事情，会看到过程的重要性，并追求办事过程中的快乐，这样才能办好事情的各个环节，结果自然就会是圆满的。

第二，关注细节，提升个人能力和经验。办事情的过程是个人学习和积累经验的过程，注重事情的过程可以学到很多。如你作为公司的新员工，领导安排你做一个全新的项目，作为新人，不要一味追求好的结果，而要关注做项目的过程，如何设计方案，如何与他人沟通，如何协调资源等等，这些都是过程中必须要解决好的要点。关注事情的过程，并学习经验，严格要求自己，这样才能学习到每个环节需要注意的内容，方便下个工作开展时使用，而且能够提升个人的工作能力。

学习心态时刻不能忘

歌德说过这样的话："人不光是靠他生来就拥有一切，而是靠他从学习中所得到的一切来造就自己。"因此，时刻保持学习的心态，从学习新事物中完善和丰富自己，这样可以成为更好的自己。高情商的人一直都有高昂的学习态度，乐于学习新事物，从而能够保持与社会接轨，提高个人处理事情的能力。

"三人行，必有我师焉"。我们的周围有很多值得我们学习的对象，我们要时刻保持学习的心态，"择其善者而从之，其不善者而改之"，这样不仅能够提高个人的素养，学习别人的经验，也能够提高个人的办事能力，促进事情的完成和开展。

大凡在自己的领域做出成绩的人，都有时刻学习和思考的心态，如牛顿在休息的时候，看到从苹果树上掉下来的苹果，就想到："为什么苹果会向下掉落在地上呢？为什么它不往上飞或者往别的地方去呢？"

根据这个现象，他推出了地心引力的存在，并在此基础上发现了"万有引力定律"。正是因为牛顿有时刻学习的心态，才能通过普通的生活现象发现事物的规律。

读故事，悟情商

鲁迅先生是我国伟大的无产阶级文学家、革命家，他致力于解放思想，与封建黑暗势力作斗争，创作出了大量脍炙人口的作品，如《狂人日记》《呐喊》《彷徨》等。鲁迅先生只活到了56岁，但是他在短暂的一生中，却翻译和创作了一千多万字的作品，涉及自然、科学、社会的众多领域，鲁迅先生的高效和高产，得益于他时刻保持学习心态的态度。

鲁迅先生曾经说："时间就是生命，无端地空耗别人的时间，其实无异于谋财害命。"他惜时如金，利用任何可以利用的时间来学习和创作。在北京的家里，他的卧室就是书房，卧室里挂着他极为喜爱的一副对联，上联的内容为"望崦嵫而勿迫"，下联是"恐鹈鴂之先鸣"，意思是看到太阳落山不要着急，害怕杜鹃啼叫，预示新的一年又要过去。对联表达了鲁迅先生珍惜时间，急切学习的心态。

鲁迅先生书房的墙上还挂着自己最尊敬的藤野老师的照片，以此激励自己努力创作，在《朝花夕拾》中，他这样写道："每当夜间疲倦，正想偷懒时，仰面在灯光中瞥见他黑瘦的面貌，似乎正要说出抑扬顿挫的话来，便使我忽又良心发现，而且增加勇气了，于是点上一去烟，再继续写些为'正人君子'之流所深恶痛疾的文字。"

鲁迅先生时刻提醒自己保持学习的状态，珍惜每一分钟的时间，并为我们留下了珍贵的文化遗产，正是他的这种态度，使他深受后人的敬仰。

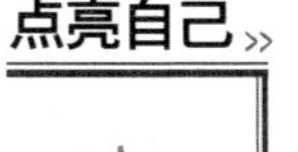

学习可以让天才成为现实，学习可以提高自己的能力，学习也可以给自己带来知识和力量，给自己提高解决事情的能力。

时刻保持学习心态是一种生活态度。学习社会的新变化，会让自己不与社会脱节；学习他人的长处，可以为自己办事积累经验，减少办事情的弯路；学习新知识，可以让自己得到充实和提高，增加自己的认识厚度。现在社会上有“持续学习”的理念，学习不仅存在于学校中，进入社会也要继续学习，以适应变化中的社会，不让自己与社会脱节。“活到老，学到老”，任何时候学习都不算晚。

要做到学习心态时刻不能忘，需要注意以下两点：

第一，要有开放的心态。开放的心态是保持学习心态的前提，一颗开放包容的心，是发现他人之长的基础，若是对于新事物不包容不理解，那么也就不会主动去学习，反而会排斥。例如，照相机可以记录人像，在落后的国家，人们看到有人拿着照相机对着自己，首先是恐惧和害怕，认为相机能够把自己的魂魄摄走，拒绝他人拍照，更别提去学习照相技术了。如果你有一颗开放和包容的心，那么就有一个乐于接受新事物的积极心态，这样就能时刻保持学习的心态。

第二，要有虚心的品格。虚心使人进步，虚心的人对自己有一个清醒的认知，能看到自己的不足，并积极学习他人之长补己之短。如公司安排你去负责一个客户的接待和业务的洽谈，相处过程中，你发现客户对公司提出了很多要求，而你无法满足他们，导致客户有些不悦，因此，你决定求助经理出面，帮你安抚客户，经理三下五除二就解决了客户的抱怨。

虚心的人此时肯定会学习经理的沟通技巧，反省自己办事的不利，说话考虑不周；而不虚心的人则会理所当然地认为客户与经理关系好，故意刁难你，给你难堪，从而错过了学习办事技巧的机会。

遇事不杠，客观看待

遇事不杠是一种高情商的表现，当两人出现分歧时，不能由于意见不同而互相抬杠，争执不下，互不相让，否则，不仅不利于事情的处理和解决，还会影响两人之间的关系。对待分歧，正确的做法应该是客观看待问题，跳出问题本身，冷静客观地分析各方利益和观点，找到最佳的解决方法，这样不仅能促成事件的高效解决，还能借此与对方进行充分的沟通，拉近双方的关系。

情商高的人会聪明地化解分歧，遇事不抬杠，能客观看待，并促进事情完满地得到解决。领导安排你做一个半年工作总结和计划，要求的格式是按时间先后顺序进行总结和表述，写材料的过程中，你发现有很多事情发生的时间段基本相同，时间顺序无法完全清晰地表述，你比较倾向按部门归类总结。对于思路上的分歧，你与领导沟通，领导坚持用时间顺序表达，作为下属，如果接受不了领导的思路安排，当面与领导争执抬杠，那么会给领导留下不好的印象，而且不利于事情的解决和开展。

高情商的人会这样解决，对于领导的思路安排认真记录，了解领

导的意图，最终综合自己的看法，可以将整体文稿按时间顺序写，对于同一时间段完成的工作，采用部分归类的方法陈述，这样就可以达到思路清晰的目的，相信这样安排领导也能接受。

读故事，悟情商

战国时期，蔺相如和廉颇是赵王的左膀右臂，文有蔺相如，武有廉颇，使得赵王的统治长治久安。

“完璧归赵”事件中蔺相如帮助赵王保护了赵国的和氏璧，赵王封他为上大夫；“渑池之会”蔺相如维护了自己国家领土的完整和尊严，赵王封他为上卿，职位超过了廉颇。廉颇对于蔺相如的升职很不服气，他向别人抱怨说：“蔺相如什么本事都没有，只凭一张嘴，而我呢，我参加了多少战争，攻城略地，为赵国立下了汗马功劳，现在他的官位竟然比我都高，我什么时候遇到他，肯定要羞辱他！”

蔺相如听说廉颇这些话，故意找借口不上朝，避免见到廉颇。一天，蔺相如看到廉颇迎面走来，赶紧让人将自己乘坐的马车赶回去，蔺相如身边的人看到他如此害怕廉颇，都很不高兴，蔺相如解释道：“各位想一想，廉颇和秦王谁更厉害？”大家回答：“秦王比较厉害。”廉颇又说道：“秦王我都不怕，难道会害怕廉颇将军吗？你们想想，目前秦国不敢进攻我们赵国，原因就是赵国武有廉颇，文有蔺相如，若是我们因为这种小事闹翻了，赵国的实力就会被削弱，那么秦国肯定会趁机发兵攻打我们。我躲避廉颇将军，不和他正面冲突，是为了赵国的安危着想啊！”

廉颇听到蔺相如的这番话，非常羞愧，他认真思考了一下，觉得自己为了个人恩怨而损害国家的利益非常不值得，这种做法也是不对的。为了表示自己的愧疚和歉意，他决定上门负荆请罪，蔺相如赶忙将廉颇搀扶着请进屋里，促膝长谈，此后他们成了最好的朋友，齐心协力维护赵国的统治。

蔺相如面对廉颇的不满和挑衅，没有冲动地针锋相对，对于谁对赵国的贡献更大这个问题没有和廉颇抬杠争高下，而是从国家利益的角度，客观地对待廉颇的不理智行为，并通过自己的忍让，赢得了廉颇的信任和尊重，最终使事情得到了圆满的解决。

点亮自己

每个人看待事情的角度不同，就会产生不同的观点和看法，有些人会因为不同的看法杠起来，一争高低，最终导致不欢而散，事情无疾而终；情商高的人会客观看待问题，综合各方的观点，找出最合适的解决方案，促进事情的解决和完成，要做到这一点，需要遵循以下两点：

第一，遇到分歧不抬杠。对于他人不同的看法和建议，应避免抬杠，争高低。诚然，这种行为是一种不成熟的处理方式，不仅解决不了问题，还会使情况变得更糟。要明白每个人看问题的角度不同，就会产生不同的观点，有分歧是正常现象，要敢于接受不同的观点和声音，用正确的态度看待并解决它们。

第二，客观看待问题。对待问题要客观看待，站在对方角度或者集体角度多维思考，全盘考虑，认识到不同看法存在的原因，并综合各方意见，提出最有效的解决方法。这样不但可以促进事情的顺利解决，还能因此展现自身处理问题的能力，丰富自己的经验。

做自己心态的主人

美国著名心理学家马斯洛说：“心态若改变，态度跟着改变；态度改变，习惯跟着改变；习惯改变，性格跟着改变；性格改变，人生就跟着改变”。也就是说，心态影响个人人生的发展和方向，心态在个人为人处事方面占有重要地位。也有人这样形容个人的心态，“你成不了心态的主人，必然会沦为情绪的奴隶”。因此，在生活中，我们要做自己心态的主人。

做自己心态的主人，首先，要掌握自己的情绪状态，全然接受自己的心态波动和改变，这是做自己心态主人的前提；其次，要能控制自己的心态，掌握自己的心态波动后，要能控制自己的心态，对于不好的心态要进行疏导，打消坏的念头，减少不良心态对自己的不利影响，这是做自己心态主人的必要手段。

做自己心态的主人，可以帮助自己培养波澜不惊的人生态度，对于不公平或者不顺利，想要生气时，不如调整好自己的心态，变生气为争气；对于失败和挫折，垂头丧气失去希望时不如调整心态给自己自信和勇气；对于可望而不可得的东西，想要得到时，不如调整心态安慰自己，学会适时地放弃……做自己心态的主人，提高自己的情商，让自己办事时无往不利。

读故事，悟情商

明末的吴三桂是山海关的守关大将，山海关是明长城的起点，被称为“边郡之咽喉，京师之保障”，也是“天下第一关”，其重要的战略位置不言而喻。

由李自成率领的农民起义军进攻北京城，飘摇的明朝不堪一击，崇祯皇帝看胜利无望，在煤山自缢，李自成率领的农民军形式一片大好。因此，为守住山海关不被外敌攻占，李自成派人携大量的黄金白银和金银珠宝送给吴三桂，想以此招降吴三桂为自己所用。吴三桂分析了当下的形式，明朝已经灭亡，现在有两股势力在博弈，一个是清军，另一个是李自成的农民军。清军属于外敌，如果归降清军，就成了国家和民族的叛徒，会留下千古骂名；归顺李自成，和农民军一起抵御外辱，会赢得好的名声。因此，权衡之后，吴三桂决定接受李自成的招降。

这时，吴三桂派往北京城刺探消息的人回来了，他问此人：“北京城现在是什么情况？”

部下答到：“您的吴府被农民军抄了，您的父亲被抓起来了。”

吴三桂听后并不在意地说：“没事，等我回去后他们会还给我的，夫人陈圆圆怎么样？”

部下答道：“农民军刘宗敏把夫人霸占了。”

吴三桂一听，火气立马上来了，要知道陈圆圆是自己最喜欢的女人，李自成的人竟然敢霸占她。他怒发冲冠，大声叫道：“气死我也！我连一个女子都保护不了，怎么有脸见人！我一定把李自成和刘

宗敏杀掉！”

失去理智的吴三桂最终接受了清军的招降，大开山海关，放清军入关。之后，清军开始攻城略地，最后统一了中国。但是，吴三桂最终也死于清政府的鬼头刀下。

吴三桂控制不住自己的情绪，一怒为红颜，成为历史罪人。历史上控制不住自己心态而酿成大祸的故事比比皆是。例如希特勒挑起的斯大林格勒之战，由于太过冲动和自信，不顾恶劣的天气和不到位的补给，一意孤行，最终招致失败；曹操鲁莽意气用事，不听他人劝告，执意征讨江南，在赤壁之战中大败等等。这些人都没有正视自己的心态，过分地自信和自傲，最后都招致惨烈的结局。

点亮自己

斯摩尔说：“做情绪的主人，驾驭和把握自己的方向，使你的生命按照自己的意图提供报酬。”由此可知，做自己情绪的主人，有助于把握自己的人生方向。因此我们要学会做自己心态的主人，要想做到这一点，需要注意以下两点：

第一，正视自己的心态。正视自己的心态是前提，这样就可以让自己理智地去了解自己的情绪和想法，并弄清楚这些想法的来源，这样才能调整出一个良好的处事心态。

正视自己的心态需要个人以平常心看待自己内心的波动，并全然接受它，然后通过下一步的调整来消化它。例如，当自己的好朋友取得巨大的成功，比自己生活得好时，有些人会产生嫉妒心理，那么此时，你就要正视自己的心理状态，明白自己嫉妒心的来源，这样才能有助于下一步的心态调整。

第二，控制自己的心态。控制自己的心态可以实现做自己心态的主人。当完成第一步后，可以采用适当的方法，达到调整心态、控制自己心态的目的。

采用换个角度思考问题的方法，当发现自己对于朋友的成功产生嫉妒心理时，要及时调整心态，对于朋友的事情可以从另外的角度考虑："她一直在努力和付出，这些都是她应该得到的。如果我也做了同样的努力，我也能获得同样的回报。所以，你要为朋友感到高兴，另外自己也要加油哦！"

创新精神提升办事效率

创新可以突破局限，认识到外面的世界，同时也是自身能力有所提升的有力佐证，因此会提升办事效率以及他人对你的认可度。

从国家层面看，创新是国家兴旺发达的不竭动力；从个人层面看，创新能提升个人的整体形象。如领导安排你和另外一个同事完成本月客户信息的核对和记录，之前同事们的做法非常原始，一个人念信息，一个人誊写，效率低下。而你发现这件事浪费精力和人力，思考之后，找到了一个效率更高的办法，通过使用函数，将客户信息直接匹配，只需几分钟即可解决。这样工作上的创新，不但节约了成本，还提升了办事效率，同时也赢得了别人赞赏的目光。

读故事，悟情商

春秋时期的鲁国有个叫鲁班的人，他勤劳勇敢，善于动脑，他的工作是与建筑相关的。通过对实际工作的观察和思考，他充分发挥自己的创新精神，制造出很多新工具，大大节约了人力，并提高了劳动生产的效率。

这一年，应官府的要求，鲁班负责修建一座大宫殿，修建这座宫殿需要使用很多木材，当时的生产工具，只有斧子。为保证宫殿修建的正常进度，他和徒弟们每天都要上山砍很多木材，使用斧头效率低下，鲁班一行人砍一天下来就会非常劳累。

一天，上山砍木材的路上，鲁班的手被一株植物的叶子划破了，鲁班看到伤口，非常奇怪，心想如此小的植物怎么这么锋利？

接着他摘下那植物的叶子细细观察，发现这种小草的叶子周围长有很多细齿，细齿锋利，所以将人的手划伤。还有一次，鲁班看到一只蝗虫在快速吃草叶，不一会儿就吃掉很多，鲁班仔细观察，发现蝗虫的牙齿上也有许多细齿，这些细齿帮助它将草叶咬断。这种锯齿草和蝗虫的特点引起他的好奇和思考，他想：“做一个类似锯齿状的东西，是不是也会很锋利？可不可以将大树锯断？”

这样想着，他先尝试把毛竹片子做成锯齿状，然后拿到树上前后拉，发现很快树的表面就出现了一条小沟，看来有用！鲁班又命人把铁皮做成锯齿草状，然后两个人拉着两端，来回在树上拉动，结果很快，树就被锯断了。鲁班发明的这个东西就是“锯”，锯的出现使房屋修建效率得到了提高，省时又省力。

鲁班善于观察生活中的细节，并且勤于思考和钻研，而且有想法也会及时行动。他拥有强烈的好奇心和创新意识，因此面对效率低下的工作，会积极进行创新，从而改善了工作状况，也提升了办事效率。

点亮自己»

创新是进步的必经之路。创新对于个人，可以改善生产条件，提升办事效率；创新对于社会，可以促进社会的快速发展。因此，培养创新精神，挖掘创新潜力，是进步和发展的关键。学会创新需要做到以下两点：

第一，敢想敢问。爱因斯坦说过："若无某种大胆放肆的猜想，一般是不可能有知识的进展的。"这表明知识的进步来源于大胆的猜想和想象。诸如霍金的黑洞理论，是通过大胆的猜想而构筑了人类起源之谜；著名的哥德巴赫猜想促进了数学的进步；对于飞翔的想象，促使人类发明的了飞机等等，所以说，大胆的猜想是创新的起源，是促进创新的原动力。

大胆的想象和猜想之后，要善于提出问题，因为问题的提出是对自己思路的引导与整理，而且能够引起自身的思考，激发头脑中的想象力。

第二，大量积累。创新得益于长期的积累。积累可构成自己的知识储备，平时无意识的见闻会累积成潜意识，当遇到问题时，会调动自身的积累，以此产生创新。如鲁班的创新大都是建筑工具领域，因为他在此领域积累丰富；詹天佑"人字形"铁路设计的创新，就是在他躬身研究多年的铁路领域。

以此可见，我们每个人做自己行业内的工作，都要认真对待，多学习，多思考，多见识，从而积累起庞大的知识量。在遇到难题时，调动平日的积累，就会触动创新的灵感，从而可以通过创新提高自己的办事效率。

第八章

追求完美：把事做到位，靠的是情商

张瑞敏曾对员工说：“说了不等于做了，做了不等于做对了，做对了不等于做到位了，今天做到位了不等于永远做到位了。”的确，把事做到位是办事的基本准则，然而有多少人因为“差不多了”而浅尝辄止，而情商就是治愈这一顽疾的良药。

把事做到位是一种情商与素养

把事情做到位是一种素养，情商高的人做事都能到位。有些人可能有疑问，什么才是把事情做到位？我们两个做的事情明明差不多，为什么他会受到表扬，而我会受到批评呢？究其原因，在于你做事情没有到位，要知道，“做到位”和“差不多”之间其实差了很多。

事情做到位不是局部的到位，而是系统的到位，做事情要形成一个闭环。例如，领导安排你给客户发一个快递，如果你只是找一个快递给客户发过去，就认为这件事完成了，那么就是做事情不到位。高情商的人，将快递发完后，会给客户打电话说一声，跟客户确认一下，并且将运单号发给客户，方便客户跟踪物流。其实，把事情做到位不是得过且过，而是精益求精。

例如领导让你复印一个文件，你只是复印完后交给领导，结果复印时复印纸整体放歪，文件打出来歪歪扭扭，领导批评你做事不到位，你也许还会觉得，“只要内容在就行了呗，要求那么多干嘛？”这就是情商低的表现，工作完成度不高，终不能获取领导的信任。

读故事，悟情商

乔·吉拉德是世界上最伟大的推销员，通过他的销售数据可以看

出，他曾经连续12年平均每天销售出6辆汽车，而且这个销售记录至今没有人能够打破。2001年，他成为“汽车名人堂”的一员，与福特的创始人亨利·福特、法拉利的创始人恩佐·法拉利、本田的创始人本田宗一郎等齐名。他之所以能够取得如此大的成就，通过销售受人瞩目，原因是他能够将事情做到位。

一天，一位女顾客来到乔·吉拉德的销售部看车，她说自己只是看车打发时间，并不准备买，但是乔·吉拉德仍旧认真地接待了这位女士。这位女士还告诉乔·吉拉德说：“我的妹妹买了一辆白色的福特车，非常漂亮，我也准备买一辆。但是福特公司的销售员因为手头有事情，让我一个小时后再过去提车，所以我先到来这里的雪佛兰销售厅随便转转，您不会介意吧？”乔·吉拉德听到这位女士的话，不但没有不开心，还耐心地问道：“美丽的女士，为什么要选择今天买呢？今天一定是一个特殊的日子吧？”女士高兴地回答道：“是的，先生，今天是我的生日，我想买一辆福特车送给自己当做生日礼物。”乔·吉拉德听完这位女士的话，对她说道：“哦，祝您生日快乐！您先进去看看其他的车。”然后他走出大厅，安排秘书按自己的需要准备东西。

接着他为这位女士介绍了一款白色的雪佛兰，并示意秘书，拿出来一束玫瑰，恭敬地递给女士，礼貌地说道：“祝您生日快乐。”这位女士感动地湿了眼眶，她动情地说道：“谢谢您，先生，已经好久没有人送给我礼物了。我本来想买一辆白色的福特车送给自己做生日礼物，没想到连卖车的销售员都忙得顾不上我。我决定了，买您刚才给我介绍的这款白色的雪佛兰。”最终，这位女士爽快地全款买了乔·吉拉德先生推荐的白色雪佛兰。

乔·吉拉德先生能够打动这位女士选择自己的产品，在于他尽心尽力将事情做到最好，服务到位，感动了顾客。他的成功不是偶然，而是真正地将销售做到了极致，将每个环节都做到了位。

点亮自己»

做事情到位是一种情商和素养，高情商的人做事情都能到位。工作不到位背后隐藏着一种低效的工作状态。当领导安排你去完成一项工作，由于自己工作不到位，最后可能需要花费更多的时间去弥补、修正，这样，其他的工作也会受到影响，整个人的工作效率都会降低，随之而来的就是领导对你的工作能力的怀疑。

因此，工作中将事情做到位是对员工的一种基本的要求，我们在完成事情的时候尽力将工作做到位，还需要注意以下两点：

第一，工作要有持续性。完成工作的时候要有持续性，不能中断或者半途而废。如球场上，作为主力，你的队友通过努力把球传给了你，只需临门一脚，而你却迟疑了一下，没有继续踢下去，导致球被抢走，那么整个团队的努力就白费了。有些人喜欢完成一个阶段后把工作放置一边，结果，忙起来其他事情把之前未完的事情忘记了，当领导需要的时候发现工作还没到位。

第二，工作要有整体性。工作时要有整体的思想，完成工作时要做到闭环。一个局部的完成不算是全部工作的完成。如公司的机器出了故障，修理师傅只是将出问题的部分做了检查和修理，而没有做整体的检修，结果一段时间后，机器又出了故障，就这样，由于“头痛

医头，脚痛医脚”，机器断断续续一直处于不能正常运转的状态，最终拉低了公司的整体效率。这里的修理师傅工作就缺乏整体性，是明显的做事情不到位。

与“差不多先生”诀别吧

生活和工作中经常听到这样的话，“差不多了，可以了”“差不多就行了，何必要求这么多呢”“我觉得差不多啊，为什么不通过”，如果你也说过同样的话，要注意了，你就是传说中的“差不多先生”。

胡适先生写过一篇文章，叫《差不多先生传》，里面的描写非常形象。他小的时候，他妈妈叫他去买红糖，他买了白糖回来。他妈妈骂他，他摇摇头说：“红糖白糖不是差不多吗？”最后，差不多先生得了急病，需要东街的汪大夫才能治好，而家人找不到汪大夫，却把西街牛医王大夫请来了，王大夫用医牛的方法给其看病，他想“汪大夫和王大夫差不多”，最后临死前，差不多先生说：“活人同死人也差……差……差不多，……凡事只要……差……差……不多……就……好了，……何……何……必……太……太认真呢？”由此结束了差不多的一生。胡适先生笔下的差不多先生是我们很多人的写照，做事不求精益求精，只求合格就行；高喊考试 60 分万岁，何必太认真？朋友，是时候和“差不多先生”诀别了。

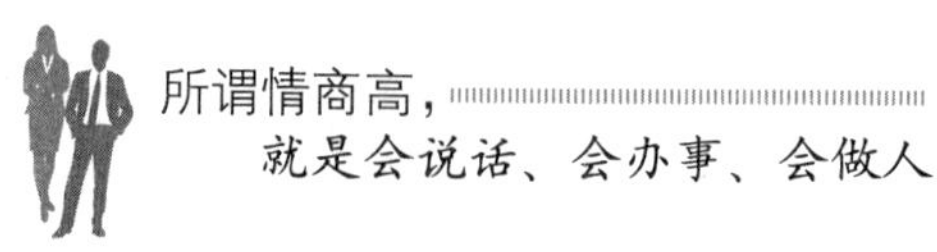

王先生是一名策划部员工，负责公司策划方案的撰写和实施。一天，公司领导安排王先生准备一份策划方案，公司准备在即将到来的端午节组织线下活动。

王先生接到领导安排后，即刻开始着手准备。他查了之前的策划方案，将方案主题定下后，按自己的思路进行设计。

初稿完成，王先生将初稿交给领导看。领导指出十来处错误，其中有一条内容是“申请物料共计3万余件”，领导指出：“这个数据需要更加准确，3万余件到底是多少件，是28000件还是34000件？这个数据不能这么表述。”王先生看到领导将自己的文案修改得面目全非，心里非常抵触，他心里说道：“何必这么锱铢必较，差不多就行了，真烦。”他将就着把领导提到的问题修改了一下，就发给其他同事执行了。

但是物料这一条，王先生并没有修改，其他同事执行时，关于物料申请这一块与后勤部的主管起了争执，最终闹到了公司主管那里。公司领导了解情况后，发现问题的根源在于王先生的文案不准确，决定将王先生调离原来的岗位，从基层做起。

王先生就是典型的“差不多先生”，正所谓“差之毫厘，谬以千里”，从而最终导致了职场的失败。

胡适先生的《差不多先生传》中有这样一个故事，差不多先生要做火车去上海，他订的是8点半的火车，差不多先生慢慢悠悠到车站

后，已经8点32分，开往上海的火车已经开走了，差不多先生不理解，“火车怎么这样子，8点30和8点32明明差不多，为什么不能再等会儿呢？算了，明天走和今天走差不多。”就这样，差不多先生又晚了一天才回上海。

差不多先生用差不多的态度过完了差不多的一生，他的经历和想法是凡事不精准的真实写照。

点亮自己»

我们身边总有这样的人，他们早上按时起床，匆匆忙忙上班，准时到单位打卡，但是一天下来，总是听到他们说：“哎呀，今天的工作又没有做完，又得加班了。”究其原因，无非是拖拉成性，要不他们就是“差不多先生”，工作不精益求精，导致工作不能充分地完成，而且由于他们的工作一定是一贯的“差不多”，在领导看来不够完善，最后需要花费几倍的精力去完善和修改。

“差不多”的思想于人于己都没有好处。“差不多先生”在工作上不精益求精，最后无形中给大家增加工作量；“差不多先生”在生活中爱将就，不追求更加舒适的生活环境，导致自己的生活没有质量。因此我们要摒弃“差不多就可以的思想”，对自己严格要求，做到精益求精，追求极致，做一个办事利落的高情商之人，彻底与“差不多先生”诀别，那么也需要我们做到以下两点：

第一，主观上，严格要求自己。与“差不多先生”诀别，在主观上要意识到“差不多”的危害，吸取他人教训，肃清“差不多”思想对个人成长的不利影响。先在观念上摒弃“差不多先生”，换作“极致先生”，这就要加强对自己的要求，做到高标准要求自己。

第二，客观上，追求极致和完美。主要体现在行动上。“差不多先生”体现了人的懒惰，例如，扔垃圾的时候，你不小心将垃圾扔到了地上，不想弯腰去捡起来，心想“垃圾虽然没有扔进桶里，但是离垃圾桶比较近，差不多了”，这是一种惰性，殊不知，你的行为触犯了公共道德，更是高情商所不容。而你弯腰捡起随地乱扔的垃圾正是完成扔垃圾动作的“最后一公里”，换而言之，“差不多先生”往往因为懒惰而错过了将事情做到完满和极致的机会。

带着情商看事，带着“心”办事

高情商的人会办事，原因就在于高情商的人能看到事情的关键点，知道对方的诉求，办事的时候是带着“心”去做，能将事办到完满极致。情商低的人看事只能看到事情的表面，没有透过现象看本质的能力，因此，情商低的人办事不用心，总是让人感觉不舒服。

带着“心”办事，可能只是一个小小的举动，但能让对方感受到你的用心，从而增加对你的信任和喜爱。如一同入职办公室秘书的两位大学毕业生，小李漂亮活泼，擅长与人打交道，小王相貌平平且稳重，喜欢默默埋头工作。工作初期，小李善谈，与大家关系融洽打成一片，小王稳重，只是专心工作，熟悉业务。

一天，领导接待客户，天空突然下起了大雨，小王想到客户没有

带伞，就冒雨去附近的商店买了几把伞，小李只顾与他人聊天，事情谈完后，大家望着突然而至的大雨都手足无措，这时，小王拿出了刚刚准备的伞，将客人送到了车上。领导看到后，意识到小王虽然不爱说话，但是做事用心，因此小王很快就升职了，小李还是一名普通的员工。因此，用心办事，才能将事情做到位，也会因此而带来良好的效应。

读故事，悟情商

在美国的一个州，印刷商布莱德福特垄断着州政府的所有印刷业务，这样使很多同行眼红，大家都觊觎着这块大蛋糕，但苦于望尘莫及。

一天，州政府的一位官员准备了一篇重要讲话，安排布莱德福特帮其印刷。布莱德福特和往常一样准备将文件印刷后交给他使用。同行富兰克林猜想到布莱德福特的印刷工作或许只是常规印制，未必用心而有新颖创意，因此想借此拿到与政府的印刷合作项目。他想办法找到了这位官员的发言稿，高标准严要求，将稿件进行排版、校对后印制，而且他的排版精美大方，让人赏心悦目。富兰克林做好后，将这份发言稿送到需要发言的官员手中，他用心的排版征服了他们，最终，政府放弃了与布莱德福特的合作，而与富兰克林签订了长期的合作合同。

办事用心，从而将事情做到位，就可以最大程度地满足客户的要求。

台湾的台塑公司实力雄厚，是世界化学工业届的“50强”。台塑公司的创始人王永庆年轻时只是一个学徒，他能做到如此成功的地步，得益于他的高情商。

王永庆15岁就辍学出去打工，在一家卖米的店铺里做学徒，第二年便借钱开了一家很小的米店。王永庆做事就很用心，他的小店生意兴隆。当时的年代，机械化水平不高，加工稻米的设备比较落后，米店出售的米中掺杂有沙粒、石头等，这在当时是一种非常普遍的现象。

但是王永庆卖的米都很干净，因为他在卖米前总是自己将米里的杂物挑拣出来，方便顾客食用。另外，王永庆为顾客送米时也非常用心。当年卖米需要送货上门，他去送米时，不是将米放到那里就不管了，而是一定将米帮人倒进米缸，如果米缸里还有米，他会帮人家先把旧米弄出来，然后将米缸掸扫干净，再将新米倒进去，最后将旧米放到最上面，这样就能让人家先吃旧米，防止旧米放置时间过长而变坏。他这一贴心的举动感动了很多顾客，以至于他的顾客越来越多，而且只买他家的米。

王永庆的做法充分体现了办事用心、带着情商办事的好品质，他的高情商最终助他成为一名成功的商人。

点亮自己

办事前要先对事情有一个充分的了解，带着情商去看事情、分析事情利益各方的需求，在心里大致有所了解，办事的过程中要用心，从对方的角度出发，让对方感受到你的用心，这样才能将事情办漂亮，做圆满。

带着情商看事情，用心做事，要做到以下两点：

第一，分析要点，看清本质。“听锣听声，听话听音”告诉我们做事情前要分析对方的真实意图，看清事情的本质。例如，老板对两个员工说：“你们去看看今天菜市场卖的有什么新东西？”这位员工回来说道：“今天有个老头拉了一车土豆在卖。”“土豆多少钱一斤？”老板又问，员工说：“刚才没问，我去看看。”就这样，老板又陆续问了很多问题，这个员工也就陆续跑了很多趟。当老板问另一个高情商的员工同样的问题时，这名员工镇定地答道：“目前有一个老人在卖土豆，他的车上拉的有 20 袋土豆，每斤 5 毛钱，土豆的质量还可以，我拿了一个回来给你看。”高情商的员工通过老板一个的问题，能全面分析，弄明白老板的真实意图，所以做起事情来就更加圆满。

第二，用心做事，真心待人。真诚是人与人之间最美好的乐章，我们在生活中办事情要用心。例如，冬天来了，大家更加喜欢喝热饮了，由于热饮温度高，普通的杯子拿到手里容易烫到顾客。做杯子的厂家充分为用户考虑，研制出了一款带杯套的杯子，这样一来，拿着杯子喝热饮的时候，温度适中，也更加方便。因此，这家杯子制造厂商接到了大量的订单。用心做事，真诚待人，就会拥有意想不到的收获。

办事有条有理，凸显个人魅力

生活中总有一些人，风风火火，一直在忙，但是办事情总不是很有成效。这种人事倍功半的原因就在于办事没有条理，导致忙不到点子上或者付出的劳动没有收获。做事有条理的人都会将自己的时间管理好，也会分清事情的轻重缓急，从而也能容易成功。具体到生活和工作中，事前，他们会把需要做的事情和环节罗列出来，分出轻重缓急，然后先安排重要的事情，再做不重要或者不紧急的，有条理地开展工作，并懂得统筹管理，合理利用资源，这样也能提高工作效率。

有条理地办事，不仅有助于事情的开展和推动，还能彰显个人的魅力。试想，如果你身边的同事做事情没有条理，一天到晚处于忙碌焦虑的状态，有时还需要你去帮忙，那么你会愿意与其共事吗？答案当然是否定的。反之，如果你身边的同事做事有条有理，所有的工作都能有条不紊地展开，必要的时候还会帮你完成其他工作，这样的同事当然人人都喜欢。高情商的人精力充沛，会合理安排时间，促进事情有条不紊地开展，不但能够出色完成领导交代的任务，还能凸显个人魅力，赢得好人缘。

读故事，悟情商

小王是公司的行政人员，负责协调公司的会议安排等日常工作。一天，李经理对小王说：“小王，你记一下，下周二下午2点半到5点半，我要用会议室接待国外过来的客户，洽谈下一季度的合作事宜，你准备一下会议室 。”小王说：“好的，李经理，我记下了。”

小王没有立即着手处理这件事，他想：“下周二的会议，还有一个星期呢，不用着急，到时候提前一天安排一下就行。”

时间流逝，转眼到了下个周一，小王想起李经理交代的安排会议的事情，赶紧联系会议室，结果发现周二下午两点半到五点半，会议室已经被别的部门预定了，而且是举行一个非常重要的座谈会。小王立马慌了，没有会议室，怎么开会呢？他与预定会议室的部门沟通，看对方能否更改会议的时间，结果对方给出了否定的答案。

小王没有办法，向李经理反馈这个情况，李经理说：“客户那边已经确定了行程，而且已经在飞来的路上了，会议是不能取消了，这样吧，你沟通一下，确定客户下榻的酒店是哪间，然后在酒店或者附近联系一个会议室，确定后将地点和时间给客户再发一遍，确保对方收到。另外，会议室的事情你要吸取教训，下次不能再犯了！”

小王听到李经理的话，抱歉地说道：“好的，李经理，我马上去安排。类似的事情不会再发生了，对不起。”

小王按照李经理的指示，联系客户，协调会议室，并将时间和地点发给了客户。小王出现这种状况，在于自己做事没有条理，缺乏紧迫感，做事前对事情的各个环节没有清醒的认识。

正确的做法应该是，接到李经理的命令后，立即和公司沟通预定会议室的使用，若当天下午会议室已经有人预定了，可以提前和对方沟通，看对方能否修改时间，如果不行，那么立即和李经理沟通，告知其会议室无法使用的情况，让李经理做进一步的安排和协调，修改会议时间或者地点。

当会议地点确认后，小王应该在会议前检查会议使用的设备，并进行测试，确保会议期间设备不出问题，否则将会带来不利的影响。会议前一个小时，准备水果和饮用水。做事有条理的人往往会逐条进行安排解决，保证会议的正常开展，并向领导展示自己的办事能力。

点亮自己»

办事情有条有理是办好事情的必备素养。办事有条理，体现了办事者清晰的思路；分得清轻重缓急的分寸感，彰显了个人的魅力。高情商的人办事雷厉风行，有条有理，所以他们办事让人放心。要想做到办事情有条有理，需要遵循以下两个要点：

第一，有整体思维，统筹规划。整体的思维模式能促使人们看到事情的完整部分，避免陷在某一个环节里，拉低效率；看到事情的整体，然后统筹规划，可以让自己对事情的各个环节有一个清晰的认识，并根据每个环节的难度分配精力和时间，实现资源的最高效利用。如喝茶的时候需要合理安排各个环节来节省等待的时间，其中烧水要 4 分钟，茶具清洁要花费 2 分钟，沏茶 2 分钟，备茶 2 分钟，这个过程如果单项做需要 10 分钟，但是做事有条理的人只需 6 分钟就

可以完成，从而节约 4 分钟的时间。

第二，善于思考，勤于总结。条理性需要长期有意识的自我训练，不是一蹴而就的，需要我们善于思考，勤于总结。如这次的这件事没有做好，条理性不够，事情完结后，要进行复盘，找出自己的漏洞，发现需要改进的地方，并重新设计更加有条理性的实施方案，这样一来，下次就不会出现类似的错误，还能提高效率。因此，只有善于思考，勤于总结才能逐渐增强自己办事情的条理性。

一次性解决问题，不留后患

俗话说“治标先治本”才能达到标本兼治。我们日常办事情也是同样的道理，对于出现的问题，要一次性解决，不留后患，否则日后需要投入更多的力量来解决。像农夫们为庄稼除草，如果不能“绝其根本，勿使能殖”，那么不久就会“卷土重来”。除草就像办事情，对于出现的问题不能从根本上得到解决，那么之前的问题就会变成更大的问题，浪费更多的精力。

我们在办事情的过程中经常会出现浅尝辄止、得过且过的状态。例如，客户提出合同中有处错误需要修改，你只是看了一下错误的地方，将合同改了一下，而没有思考更加深层次的问题，将原始合同的电子原件加以修改，结果与下个客户签约的时候又出现了类似的情况，不仅影响了工作进度，还给公司带来不好的影响。如果第一次出现问题后，能找到事情的根源，从根本上解决问题，那么就可以避免之后的错误。

读故事，悟情商

杰斐逊纪念大厦坐落于华盛顿广场，是美国著名的建筑。但是由于年代久远、风刮雨淋，大厦的墙面出现了很多裂纹，为更好地保护大厦，政府邀请了一些专家对大厦出现裂纹的原因展开分析，找出问题并组织人力进行修复。

专家们根据当地的自然人文特点，判断大厦的墙面受到侵蚀是由于该地区出现酸雨频率较多，造成酸雨侵蚀了大厦的墙面。但是进一步的研究推翻了之前的结论，他们发现，对墙面使用的清洁剂才是腐蚀墙面的最大元凶，因为杰斐逊纪念大厦每天都要清洗墙壁，而清洗墙壁的清洁剂中含有大量的酸性物质。

专家们继续观察思索，“为什么杰斐逊纪念大厦要每天清洗呢？”

通过了解，专家们得知，杰斐逊纪念大厦的墙壁上每天都会有很多鸟粪，这样不得不进行清洗。

——“但是，为什么墙壁上会有如此多的鸟粪呢？”

“因为附近有很多鸟，聚集了大量的燕子。”

——“为什么鸟儿在附近特别多？”

“因为墙上爬满蜘蛛，而燕子特别爱吃蜘蛛，所以聚集在附近。”

——“为什么墙上有如此多的蜘蛛？”

“因为蜘蛛喜欢吃飞虫，大厦周围有很多飞虫。”

——“为什么飞虫在大厦周围特别多？”

“因为飞虫在杰斐逊纪念大厦繁殖得特别快。”

——“为什么飞虫在大厦周围繁殖得这么快？”

“因为这里的尘埃非常适宜飞虫的繁殖？”

——“为什么这里的尘埃适宜飞虫繁殖呢？”

“因为大厦的窗户开着，所以阳光充足，吸引飞虫聚集到一起，引起超常快速的繁殖。”

到这里，问题的根本原因找到了，那么只需要拉上大厦的每个窗户的窗帘，就可以使事情得到解决。

问题的出现有其必然性，由结果倒推，很容易就能找到问题发生的根本原因，根据问题的根本原因，处理问题，做到一次性解决问题，不留后患，这是一种彻底的解决问题的方法，能够让问题得到充分解决。高情商的人，处理问题都会考虑深入，出现问题，彻底解决，以避免后期问题反复出现，浪费更多的人力和物力。

点亮自己»

办事情，解决问题，要想从根本上和源头上解决，这就需要智慧和魄力，不是简简单单地就能做到。我们需要遵循以下两个要点：

第一，刨根问底，多问为什么。问题发生的根本原因并不是浮于问题表面，而往往是潜伏在表象下，并不是一下子就能看出来，此时，需要我们多问为什么，才能一步步接近实质。像上文例子中的故事一样，刨根问底，才能找到真正的原因。

第二，多实践，不流于形式。找到问题的根本原因后，不能流于表面，要付诸行动去解决，否则，就会前功尽弃。如一个建筑工地上放着一个梯子，工人们害怕有人碰倒梯子，砸伤他人，就在梯子上写了警示语“注意安全”。有个路人看到了这条标语，感觉这个标语有问题，他让人改了一下标语，写成了“不用梯子的时候请横放”。工人的标语指出了问题的根本原因，但是没有付诸行动去纠正，以至于梯子一直在那个位置，危险依旧没有得到排除。

下篇

带着情商做人：人情练达即文章

第九章

光辉照人：让情商撑起你的形象

中国人自古以来就对个人形象比较重视，这不仅仅是为了给他人展现一个更漂亮完美的自己，更是因为形象影响着一个人的情感、职业发展、社会交往等方面，所以，形象在某种意义上也体现了一个人的情商。

没有情商，谈何气质

气质是一个人特定的个性特点，综合体现了一个人的风格气度，是一个人给他人留下的整体感觉。清代的著名词人纳兰性德在《木兰花令·拟古决绝词柬友》曾感叹“人生若只如初见”，如此深寓了人生初见若能极尽美好，那么必然会印象深刻。初见时第一感觉便是对方的气质，好的气质能给他人留下难以忘怀的印象，让对方乐于和你沟通交流，为你提供更多的机会去接触更多的朋友，这在注重关系的社会中，对于个人的情感选择、职业发展等都有重要的影响。

情商是一个人的综合素质，情商高的人会在公开场合选择一个合适的妆容和举止，配合优雅的谈吐和举止，而这些都能构成一个人的好气质。因此，情商与个人的气质息息相关，高情商是好气质的基础，没有高情商，自然谈不上良好的气质了。

读故事，悟情商

很多人熟悉李静是通过《超级访问》，在这档节目中，李静和搭档戴军一唱一和，为观众揭开娱乐圈明星神秘的面纱，她可人的形象也为观众留下了深刻的印象。其实不止这一档节目，李静还有《美丽俏佳人》《非常静距离》等六档节目，并曾经成立了一个专业时尚网

站乐蜂网，吸引了众多的消费者关注。除了成功的事业，她还拥有一个幸福的家庭，作为一个女性，能够兼顾如此多的事情，并且做到如鱼得水，成功的秘诀在于她的高情商，她曾经说过：“为什么我能让他人帮我成就我的梦想呢？我自己也有些匪夷所思呢，如果一定要有什么原因的话，那么就是我还算是一个情商蛮高的人吧。”高情商使她成为一个理解下属、帮助朋友的人，也成就了她团结他人、仗义执言的魅力和气质。

高情商成就了她随和、舒服的气质。她在自己的公司从来不以老板自居，而是和员工一样的待遇。例如，录制完一个节目，她会和员工们一起搬椅子、挪桌子，忙到饭点会和下属们一起吃盒饭，这样的做法，让下属觉得领导没有架子，接地气，容易相处，让下属感觉到舒服和值得信赖。另外她对自己的员工充满爱和信任。例如，有次工作室的员工出去谈广告，被人刁难陪着喝酒，回到办公室吐得一塌糊涂，李静看到后非常心疼，她动情地对下属说道：“我们不喝酒，以后谁让你们喝酒你们可以拒绝，即使单子跑了我也不怪你们！但是我们靠什么生存呢？我们要靠节目的质量，节目做好了，自然广告就来了，不需要我们去陪人喝酒！”她的话让下属们很感动，他们知道静姐是从心底心疼和保护他们，从此便更加努力工作，提高节目的质量。对于下属，她也是绝对的信任，公司的事情繁多，李静的原则是不用管、要知道。她信任下属，对于工作的处理不插手，但是要了解事情的进展情况。她的做法给予员工极大的信任，同时也赢得了下属的信任。

高情商成就了她人见人爱的气质。做娱乐行业的访谈节目，需要和明星维护良好的关系，否则没人愿意上你的节目。李静的节目从来不缺大明星，能做到这样，在于她的高情商让她收获了很多朋友，她人见人爱的气质，成就了她节目的高收视率。例如，老狼发专辑《北京的冬天》，一开始市场反响不好，李静就在自己的节目里连着好几期免费帮老狼宣传，并且还动用自己在电视圈的关系，帮助老狼多上节目。最终促使这张唱片有了一个很不错的销量。老狼自此之后便对李静刮目相看，李静有什么需要老狼都会第一时间站出来。她的高情商为自己赢得了宝贵的友谊。

李静随和、舒服、人见人爱，她的气质来源于高情商，由此可见，没有情商，何谈气质。

点亮自己»

一个人的容貌是先天形成的，无法由自己决定，但是气质是后天培养的，可以改变和塑造，气质带有个人成长烙印，是个人独特的一部分。气质的养成需要情商的支撑，高情商的人会根据环境的需要塑造自己的气质，懂得恰合时宜地展现自己的独特。高情商的人有好气质，而好的气质会给人留下很好的第一印象，因此，我们在生活中，要注重个人气质的培养和提升，做到这一点要注意以下两个方面：

第一，注重内在。“相由心生”“腹有诗书气自华”等说法都告诉我们，内在的丰富能提升个人的气质。饱读诗书的人尽显文质彬彬的气质；喜爱文艺的人尽显优雅大方的气质；而习惯满嘴粗话的人，不管打扮得多么时尚，一张嘴就立刻原形毕露。因此，提升自己的素质，关键在于丰富自己的内心，提高个人的文化素养。

第二，不忽略外在。注重内在的同时也不能忽略外在。“人靠衣装马靠鞍”，恰当的穿着打扮更能凸显一个人的形象和气质。特别是第一次与别人见面，外在的形象在留给他人印象中占有很大的比重，因此我们也要注重外在的穿着，干净、合适、得体，有条件的可以追求精致。

做人有涵养，好运自来

涵养是个人内在的修养，有涵养的人都有高尚的品质，有正确的为人处世的态度，也能控制自己的情绪。涵养对一个人的发展有重要的影响，特别是与他人长期交往的时候，涵养决定了一个人是否值得长期合作和依赖。有涵养的人会赢得他人的好感，因此做人有涵养，好运自来。

读故事，悟情商

宋代的杨时，从小就很聪明，长大后就专门研究经史子集。当时，程颢和程颐兄弟俩在孔孟之学上非常有研究，很多人都找他们拜师学习。

杨时对孔孟之学非常感兴趣，就推掉当官的机会，拜程颢为师。但是好景不长，程颢就去世了，杨时非常难过，在家设灵位祭祀。

程颢去世后，杨时就去找程颐请教。一个飘着大雪的冬天，杨时到洛阳拜见程颐，他看到程颐正在火炉旁打盹，就没有打扰他，而是恭恭敬敬地站在旁边，安安静静地等程颐睡醒。过了很久，程颐终于醒了过来，而这时门外的积雪已经一尺多深了。那时的杨时已经四十多岁了，对待程颐仍旧如此尊重，得益于他的涵养。后来，杨时的德行和威望越来越高，吸引了全国各地的有识之士过来请教，并尊敬地称他为“龟山先生”。

杨时的成功除了他的博学，还在于他个人的高修养。

另一个有涵养的人名叫沃尔顿，他来自一个普通家庭，通过自己的努力考上了著名的耶鲁大学。为了完成学业，能够按时交上学费，沃尔顿假期大都出去打工。

由于自己的父亲是一位油漆工人，他从小就知道如何做这个工作，因此，他暑假的时候接了一个大房子的油漆工作。房子的主人给的报酬很高，虽然要求很严格，但是沃尔顿还是毫不犹豫地答应做这个工作。

终于房子刷完了最后一面墙，接着将拆下来的门板喷完最后一遍漆后支起来晾晒，没想到，一不小心将门板绊倒了，正好砸在刚刷完的雪白的墙面上，墙上留下了一道长长的痕迹。沃尔顿赶紧将粘上的漆刮掉，然后调好涂料补上。但是他觉得补上的涂料和之前的色调不一样，与整体色彩不协调，于是他决定再重新刷一遍这堵墙。

因此，他又花了一天的时间，又刷了一遍。第二天，沃尔顿来到房间等待房主过来验房，等待的时候，他发现补刷的那面墙的色调与其他的还是不一致，于是，他决定再花一天时间，去买材料再刷一

遍，当房主过来的时候，沃尔顿抱歉地说道："先生，不好意思，我的工期要延长一天了。"并且他把之前的事情如实地告诉了房主，房主听完沃尔顿的话，不但没有生气，还称赞他认真负责。另外作为对他认真工作的奖励，房主还决定赞助他读完大学。

在房主的帮助下，沃尔顿的人生发生了巨大的改变。他不但顺利念完了大学，毕业后还娶了房主的女儿为妻，并且进入房主的公司工作，一直做到董事长的位置。之后，他创建了沃尔玛，即全球最大的连锁超市。

沃尔顿用负责认真的工作态度，展示了自己的内涵，并由此遇上了人生贵人，走上了人生巅峰。

点亮自己»

涵养体现了一个人为人处世的正确态度和一个人高尚的品质，有涵养的人会令人信任，会吸引贵人相助，好运也自然而然地到来。要做到有涵养，需要注意以下两点：

第一，礼貌待人。对待他人有礼貌是一个人涵养的最直接体现，如果连礼貌待人都做不到，那么何谈有内涵呢？列宁有一次在下楼梯的时候，楼梯的过道有些窄，正好这时候有一个女工端了一盆水上楼，女工看到对面来的是列宁，赶紧准备退下去给他让路，列宁连忙说到："不用这样的，你端着盆已经走到了中间，而我什么也没拿，还是请你先上来吧。"然后他将身体贴紧墙，给女工留足空间，女工过去后，他才下楼。列宁对女工说话时都能使用"请"等礼貌用语，让人感觉亲切，更体现了他有涵养的气质。

第二，正确态度对事。有涵养的人会以正确的态度对待自己所做的任何事情，不会半途而废，而是认真负责到底，因此会赢得他人的信任。

自信乐观，做人不难

自信和乐观都是一种积极向上的心理状态。人生在世，难免会遇到挫折和低谷，保持自信和乐观的状态，一方面可以帮助自己渡过难关，另一方面，可以感染身边的人，给予他们力量和勇气，一起摆脱困境。

奥格斯特·冯·史勒格曾经说过：“在真实的生命里，每桩伟业都由信心开始，并由信心跨出第一步。”自信乐观的心态能使困难缩小，机会放大，让人生不会太过艰难。因此，我们在生活中要时刻保持自信乐观的态度，让自己的生活充满动力和期望。

读故事，悟情商

拿破仑在一次战斗中，遭遇顽敌，情势比较危急，自己的队伍人员损失惨重。然而屋漏偏逢连天雨，拿破仑在战斗中一不小心掉入了旁边的泥潭，身边的士兵看到后，赶紧将他拉了出来，他满身的脏泥巴，非常狼狈。

但是拿破仑一心想着打胜仗，一点都顾不上自己刚才的遭遇，他

只有一个信念，就是拼尽一切力量赢得战斗。他大声地喊着："冲啊，冲啊！"他手下的士兵看到拿破仑的样子，都笑出了声音，同时也被拿破仑自信乐观的态度所鼓舞。战士们跟着拿破伦冲锋陷阵，奋勇向前，最后取得了战斗的胜利。

这场战斗的胜利全靠拿破仑一往无前的自信乐观精神，这种精神使他在无数次战斗中谱写了一次次的辉煌。

我国的劳动人民自古就有自信乐观的精神。战国时期，在北部边城住着一个叫塞翁的老人，他养了很多马。

一天，他们家有一匹马走丢了，邻居们听到后，纷纷过来安慰塞翁，不要着急，要注意身体。塞翁听后，笑着说："丢一匹马不算什么损失，说不定会因此得到福气呢？"

邻居们听到他的话觉得很好笑，觉得塞翁在自我安慰，因为丢马是一件坏事，怎么会是一件好事情呢？但是，没几天，塞翁丢失的马自己跑了回来，还带了一匹小骏马。

邻居们听说后，都过了来向塞翁祝贺，夸赞他有远见。但是塞翁听到邻居的话后，不但没有高兴，反而一脸忧愁地说道："这样白白得到了一匹好马，不一定是好事，可能会带来祸患呢。"邻居们听了他的话，认为塞翁是假装不开心，而是心里高兴，故意不说出来而已。

塞翁有个独生子，特别喜欢骑马。他看到那匹小骏马长得漂亮，身长蹄大，非常剽悍，肯定是匹好马。因此，爱马的他每天都要骑着这匹马，非常开心。一天，塞翁的儿子骑马的时候，这匹马突然狂奔，他一不小心从马上摔了下来，结果把腿摔断了。邻居们听说后，都过来慰问，没想到塞翁却说："这没有什么，虽然腿被摔断了，但是性命被保住了，这说不定是福气呢。"邻居们觉得他又在安慰自己，儿子的腿被摔断了，能有什么福气呢？然而，不久之后，匈奴入侵这个地区，村子里的年轻人都被拉去当兵了，而且全部战死，因为塞翁的儿子腿断了，逃过了一劫。

故事中，我们看到了塞翁面对不如意，始终保有自信乐观的态度。因为从容看待生活中的坎坷，所以，才会因祸得福，使生活变得更加容易。

点亮自己»

麦修·阿诺德曾经这样说过：一个人除非自己有信心，否则不能带给别人信心；已经信服的人，方能使人信服。因此可见，一个自信乐观的人不但能够带给自己自信，还能感染给他人，让他人信服自己。要做到自信乐观，需要做到以下两点：

第一，勇敢面对现实，不逃避。面对挫折和失败，要勇敢面对现实，不逃避。张海迪、海伦·凯勒等，面对身体的病痛，并没有一味逃避，而是正视现实，调整心态，并乐观面对。

第二，头脑清晰，认真分析。对于生活中的难题，要始终保持头脑清晰，认真分析问题，不夸大问题的难度，也不过分看轻，用自信的乐观的态度面对挑战，这样才能顺利渡过难关。

微笑是你最美的形象

“爱笑的人运气一般不会太差”。因为微笑代表着个人最美的形象，比任何语言都更加有力，微笑堪称是世界的共通语言。一个发自内心的微笑，可以让陌生的心灵更加贴近，一个善意的微笑，可以给悲凉的世界带来温暖，更是个人高情商的体现。

卢森堡曾这样说过：“不管发生什么事，都请安静且愉快地接受人生，勇敢地、大胆地，而且永远地微笑着。”微笑是一种积极地对待人生的态度。不管你是衣衫褴褛，还是老弱妇孺，不管此刻有多么狼狈，一个微笑依旧能保持自身的形象，原来最美的形象。

读故事，悟情商

飞机上，一位乘客在飞机起飞前，让空姐给他倒一杯水，方便自己吃药，空姐很有礼貌地回答道：“先生，为了安全，请您稍等一下，等飞机平稳之后，我会把水给您送到位子上。”乘客同意了。

20分钟后，飞机早已经进入了平稳的状态。突然，空姐身边的铃声响了，她突然意识到：“糟了，刚才承诺那位乘客的水，忘记给顾客送过去了！”她来到客舱，看到刚才的那位乘客，先把水递到乘客的手中，然后非常诚肯地说道：“实在是抱歉，先生，由于我的失误，耽误了您吃药的时间，非常抱歉。”

乘客一脸怒气，指着手表说：“有你这样的服务吗？你看都过了多长时间了！”空姐听着乘客的责怪，虽然心里委屈，但是仍旧微笑着对他解释，无奈，这位乘客太过挑剔，怎么都不肯原谅她。

为了弥补自己的过失，这位空姐在接下来的飞行中，每次去客舱时，都会特意走到那位乘客旁边，微笑着问他是否还需要水，是否需要其他帮助，那位气冲冲的乘客都拒绝了。快到目的地的时候，空姐将意见簿送到这位乘客的手中，因为她知道，根据乘客的态度，她很可能要被投诉了。但是她依旧微笑着说：“先生，目的地就要到了，我再次为我的失职向您道歉，请您如实写下自己的意见，我会欣然接受，毫无怨言。”那位乘客愣了一下，接过了意见簿，埋头写了起来。

飞机降落后，引导乘客陆续离机后，这位空姐深吸一口气，拿出了意见簿，但是，出乎她的意料，意见簿上写的并不是对她的投诉，而是表扬信。乘客这样写道：“在整个飞行中，您真挚的歉意和您的十二次微笑最终打动了我，让我决定将投诉信改成表扬信！你们的服务很好，我非常享受坐你们的航班！如果有机会，我还会选择贵公司的航班。”

空姐用微笑化解了不愉快，用微笑保持了自己最美的形象。

微笑可以产生不可思议的力量。一天，一位女士对着一个看似非常忧伤的陌生人笑了一下，想用微笑表达自己的关心，希望陌生人能够开心一些。陌生人收到他人的微笑，想起了与之前的朋友的友谊，就给这位朋友写了一封信，朋友收到信后很开心，吃午餐时，给了服

务员很多小费，服务员拿到如此多的小费非常开心，用小费买了彩票，结果中了大奖。中了奖的服务员为感谢上天的眷顾，将一部分钱送给了街边的流浪汉。流浪汉很感激，拿着钱买了吃的东西，在路上发现一只冻得哆嗦的小狗，他把小狗抱回屋里，让小狗取暖。小狗温暖起来，非常感激，当晚这栋房子着火，小狗用力叫醒房子的人，帮助大家逃过一劫。被小狗救到的一个孩子后来当了总统，这一切都源于一个来自陌生人的微笑。

由此可见，微笑能产生惊人的力量，因此保持微笑至关重要。

点亮自己»

微笑是代表一个人形象的精致名片，是打开与他人愉快交流的大门的金钥匙，所以，你的微笑特别重要。在我国的文学典籍中曾经有很多描写微笑的句子，诸如《诗经》中有这样的笑："巧笑倩兮，美目盼兮。"唐诗中有这样的笑："人面不知何处去，桃花依旧笑春风。"宋词中的有这样的笑："绣幕芙蓉一笑开，斜偎宝鸭衬香腮。"这让我们看到了每种笑都体现了不同的女子形象，因此，微笑对于个人形象的表达尤为重要，我们要时刻保持微笑，但要注意以下两点：

第一，笑容真诚。真诚的笑容是最有感染力的，拥有真诚笑容的人让人感觉值得信赖和亲近，所以真诚的笑容能够轻松愉快地拉近彼此间的距离。那么，与真诚相对的是虚伪的笑容，虚伪的"皮笑肉不笑"，让人反感，不利于个人美好形象的塑造。

第二，笑容适度。每一种场合都有相适合的笑容，对于熟悉的朋友和家人，即使你"开怀大笑"也无所谓，但是对于第一次见面的人，太过夸张的笑容会吓到对方，而且会让人觉得你不注意形象，太过随便。因此，要注意在适当的场合控制自己的笑容，用得体的笑容展现你的美好形象。

任何时候，别忘礼仪

礼仪在人际交往中非常重要，特别是在我们国家这样的一个礼仪之邦，在不同的场合有不同的礼仪要求。例如社交礼仪、销售礼仪、商务礼仪、政务礼仪等等，礼仪体现在仪表、谈吐、举止、言语等许多方面，是一个人行为举止的整体表现，情商高的人一定是一位讲礼仪又懂礼仪的人。

礼仪是一门艺术，体现一个人的修养和素质，代表着一个人的整体形象。在《还珠格格》中，小燕子初到皇宫，第一件事就是学习礼仪，如何走路、如何吃饭、如何坐、如何站等，要把小燕子培养成讲究皇宫礼仪的格格，否则不懂规矩的格格在宫里会让别人看笑话。这和我们当前的社会是一样的，进入一个场合，就要守规矩，讲礼仪，这样才能与他人正常沟通，否则会像小燕子那样格格不入，出尽洋相。

读故事，悟情商

张良是西汉开国皇帝汉高祖刘邦的军师，刘邦非常倚重他，曾经

当众表示“夫运筹帷幄之中，决胜千里之外，吾不如子房”，可见张良在军事方面有着过人的才能，他之所以能有这么大的成就，很大一部分取决于年少时的老师。

张良年轻时负罪逃亡到下邳生活。一天，他在下邳桥上散步时遇到一个年迈贫困的老人，衣着破旧，当他经过老人身边时，老人故意将鞋子脱落桥下，对张良说：“年轻人，去把鞋子帮我捡上来。”

张良听到后很不高兴，但是想到老人活动不便，便忍着怒气，到桥下把鞋拾了上来。没想到，老人竟然对他说：“把鞋子帮我穿上。”张良更加生气，但是想到自己已经帮老人把鞋子捡了上来，不如再帮他把鞋子穿上，于是就按照老人的要求帮他把鞋穿上，老人一句感谢的话都没说，转身就走了。

张良很生气，但是又没有办法。只见老人走了几步路，忽然又回来对张良说：“你是一个做大事的人，从今天开始，你每天早上天一亮就到这里来见我。”

出于好奇，第二天，张良天刚亮便来到了下邳桥上，发现老人已经在那里等着了，见到张良来到，老人很生气地对张良说：“和人相约，怎么可以迟到呢？你明天再来吧！”说完就走了。

第三天早上，鸡刚开始鸣叫，张良便起身赶往下邳桥，发现老人还是已经到了那里。老人见到张良仍然还是很生气地对张良说：“你怎么能够比我来得还晚呢？你明天再来吧！”

第四天张良半夜便赶到下邳桥上等待老人，老人见他早已在等候自己便高兴地说：“这样才好，只有这样才有可能做大事。”

然后老人拿出一本书送给张良，告诉他："天下受秦朝暴政已久，人民不堪重负，天下将会大乱，你研读这本书，到时便可成就一番事业。十三年后济北谷城山下的黄石便是老夫。"老人说完就走了，天亮时张良将书拿出来一看，发现是《太公兵法》(姜太公辅佐武王伐纣的兵书)。原来这位老人就是隐士高人黄石公，亦称"圯上老人"。

10年之后，陈胜等人起兵反秦，群雄四起，天下大乱，张良投奔刘邦时，刘邦仅数千人马，张良依靠对《太公兵法》中排兵布阵的领悟，向刘邦献言献策，从而辅佐刘邦从一个小股兵力头目成为一代开国之君，张良也因辅佐有功，被封为留侯。

张良尊敬老人、讲礼仪的好习惯，助他得到了高人恩师赠的兵书，因此才有后来助刘邦得到天下。除了刘邦，还有另外一个人也因为懂礼仪而得到颂扬，他就是四岁的孔融。

孔融四岁的时候，经常和哥哥们一起吃梨，每次吃梨的时候，他都是捡最小的一个吃。有一次，父亲问他："你为什么只拿小的不拿大的呢？"孔融回答道："因为我是弟弟，我最小，所以我吃最小的梨，哥哥比我大，所以大的让哥哥吃。"孔融懂得谦让的礼仪，受到了大家的喜爱。

点亮自己»

礼仪是一个人形象的综合体现，因此在任何时候我们都要注重礼仪。要做到这一点，需要注意以下两点：

第一，与人交往时，讲礼仪。与他人交往时，时刻

谨记礼仪为先。礼仪代表个人形象，是社会交往之路的敲门砖，因此要时刻注重礼仪，以便给他人留下美好的印象。

第二，个人独处时，讲礼仪。个人独处时，讲礼仪是一种个人修养，独处要做到“慎独”，不能因为只有自己就不讲礼仪，否则表里不一，不利于礼仪习惯的养成。

第十章

包容豁达：这是做人最大的魅力

悉数身边你喜欢交往的人，他们大多都具备包容与豁达的素养，与这类人在一起，你会感到轻松愉悦，这便是高情商的体现。彰显个人魅力，你也需要具备这样的情商素养。

包容让我们的世界更精彩

正如世界上没有两片完全相同的树叶一样，同样，世界上也没有完全相同的两个人。因此，世界上没有另外一个人的脾气秉性、言谈举止等等和你相同，作为独一无二的你，对待世界，就要有包容豁达的心态；对待分歧，要有求同存异的态度。

包容让世界更精彩。大至民族国家，包容成就了多民族的国家，包容促进了世界和平；小至个人，包容的心态让人学会接纳不同的声音，并乐于体验不一样的生活。

包容是一种尊重，是对分歧的求同存异，更是一种高情商的体现。

读故事，悟情商

诸葛亮去世后，推荐蒋琬接任蜀国的宰相。蒋琬在当时表现并不突出，但是诸葛亮相信他是主持大事的人，在他的坚持下，蒋琬做上了蜀国的宰相，主持政事。

蒋琬有一个部下，叫杨戏，他性格孤僻，不喜欢与人说话。一天，蒋琬和杨戏商讨政事，沟通时，杨戏仍旧是点头、摇头，只应不答。蒋琬当时是蜀国的宰相，一人之下万人之上，有人这么对待他，

他虽然不生气，但是他身边的人看不下去，在他面前说道："杨戏不像话，您跟他说话都不回答，对您太怠慢了！"

蒋琬听到后，笑了起来，他淡然地说："每个人都有自己独特的脾气秉性，像杨戏这种人，让他当面奉承我，说我的好话，他可说不出来，如果说了也是违心话，这不是他的本性；让他当面指出我的错误，说我的坏话，他也会碍于面子说不出来。因此，他只能不说话了。但是，他的这个脾气也正是他为人的可贵之处，是我看重他的原因。"

蒋琬对不同性格的人的包容态度，让下属们感动，他的这种行为就是被人称作是"宰相肚里能撑船"的美谈，他的故事也正是包容他人的典范。

清朝末年，闭关自守、闭目塞听的情形非常严重，对国外先进的东西极力排斥，没有丝毫的包容。

与当朝虚骄自大的统治者不同，林则徐通过几次战败，看到了中国的贫弱、落后，他用包容的心对待国外的技术和知识，以新的眼光开眼看世界，是中国"开眼看世界的第一人"。

1839年，林则徐主持翻译一本地理书《四洲志》，这本书是英国人1836年出版的《世界地理大全》，这本书涵盖了世界上最新的政治、地理、国情，是一本能够正确认识世界的书。在翻译的过程中，林则徐多次躬亲修改、编辑，并借此对西方国家的历史、地理、政治做了全方位的了解，他敏锐地感觉到西方向中国贩卖鸦片的阴谋，并由此制定了禁烟政策。翻译的过程中，他并不只局限于这本书，而

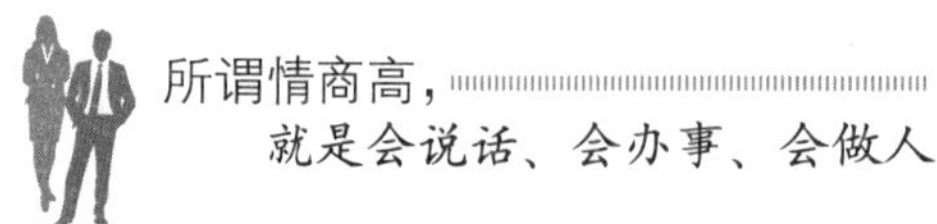

是参阅了很多其他材料，了解实情的一位美国传教士这样说道：“林钦差对地球仪、航海图、地图集、地理书、百科全书和字典之类的书籍，都加以征用。”可见，林则徐为翻译此书付出了莫大的辛苦和努力。

《四洲志》的出版意义重大，他不但让民众认识到了未知的西方世界，而且开启了近代中国研究西方学的先河，开创了西学东渐之风。

“开眼看世界第一人”的林则徐，无疑是拥有伟大的包容心，正是他对西方文明和文化的包容心，促进了近代中国社会的进步。

点亮自己

“海纳百川，有容乃大”，包容是对他人的尊重，体现了个人的博大胸怀。包容是一种情商高的体现。

世界是多元的，我们要用积极的态度面对世界的变化，接受新事物的出现和存在。罗素曾经说过：“参差不齐是幸福的本原。”学会包容，学会接纳外界的不同声音，可以丰富我们的阅历，历练我们的内心。做到包容，需要注意以下两点：

第一，要有开放的心态。开放的心态让人以平常心面对世界的不同，不抵触新鲜的事物，不反感不同的观点，求同存异，才能丰富自己。如同事们之间就一个问题进行讨论，其中一个人的观点与其他人都不同，此时正确的做法应该是用开放的心态看待他人不同的观点，提炼出不同观点中细微的可取之处，而不是直接拒绝，或是将这位同事排挤出去。

第二，要有积极的态度。对待世界的不同，要取人之长补己之

短，多加对比和反省，以此来完善自己。对于实在无法接受的观点或者新事物，要采取求同存异的态度，肯定与自己相同的部分，同时尊重其独特性。如我国的五十六个民族，有不同的穿衣、饮食风格，甚至有不同的语言、生活方式，但我国各个民族之间都能和睦相处，甚至还会互相借鉴不同的穿衣风格，互相尊重，互相学习，因而才造就了我们和谐的大中国。

宽容待人，呵护情谊

子贡问孔子：有没有一个字可以作为终身奉行的原则呢？孔子说道：那大概就是“恕”字吧。“恕”在现代文中大有原谅宽容的意思。宽容是一种美德，是为人之道的基本准则。宽容拒绝狭隘，如对于思想有缺陷的人，宽容的人会一视同仁，而狭隘的人会用有色眼镜对待。宽容的人对待他人只有一个标准，而狭隘的人会不经意使用双标看待他人；宽容拒绝小气，对于他人的不违背原则的小错误，宽容的人会微笑待之，不放在心上，而小气的人会怀恨在心，揪住别人的错误不放。因此，宽容的人不狭隘，不小气，心胸豁达，深受他人喜爱。

莎士比亚在他的作品《威尼斯商人》中，这样写道：“宽容就像天上的细雨滋润着大地。它赐福于宽容的人，也赐福于被宽容的人。”因此，宽容是相互的，拥有巨大的弥合力量。宽容待人，让人感到放松和舒适，更容易收获颇多。当朋友不经意犯错的时候，宽容的人对待错误云淡风轻，不仅可以呵护朋友间的友谊，还能以宽厚的容人之心展现个人魅力。

读故事，悟情商

二战期间，莱德勒少尉在美国海军炮艇“塔图伊拉”号上服役。一天，炮艇停泊在了英国的威尔士。当天，炮艇上举办了一个名叫“不看样品”的拍卖会，莱德勒少尉花了30美元拍了一个木箱，木箱密封得很好，打开后发现里面有两箱威士忌，他高兴极了。要知道，在风雨飘摇的船上，没有什么比喝一瓶威士忌来得更舒服了。

其他人的想法也一样，很多人都想要一瓶威士忌，他们愿意一瓶出30美元的价格，但是莱德勒少尉拒绝了，因为他知道自己快要被调走了，他想用这箱酒开一个离别前的酒会。海明威是莱德勒的朋友，他嗜酒如命。当听说莱德勒这里有酒时，他掏出身上的所有钱，告诉莱德勒：“你要多少钱都行，卖给我6瓶吧。”莱德勒不好拒绝，他说：“这样，6瓶酒不要钱，但是你给我上6堂写作课，告诉我怎么成为一个成功的作家。”海明威爽快地同意了。

前5堂课，海明威教得认真仔细，还没上第6节课时，海明威要去别的地方，就安排莱德勒在他去机场的路上听第6节课，海明威说：“我说到做到，第6堂课的内容是，写他人的故事之前，自己要先成为一个好人。”

莱德勒好奇地问道：“做个好人和写作有什么关系呢？”

海明威严肃地答道：“做个好人对你的整个人生都是至关重

要的。”

临上飞机前，海明威对莱德勒说：“我的朋友，你举行告别酒会的时候，记得提前尝一下酒的味道。”

回去后，莱德勒打开自己的酒，倒进杯子里尝了一口，发现瓶子里根本不是酒，而是与酒的颜色一样的茶叶水。莱德勒想起海明威的承诺和做法，不禁为他的宽容感到无比的感动。

同样的故事也发生在林肯的身上。林肯和同僚道格拉斯有过节，工作上两人政治主张不同，生活中两人曾经追求过同一个女生，而那个女生最后成了林肯的妻子。1860 年两人一同竞选总统，道格拉斯以微弱的劣势败北。

林肯当选总统后在白宫发表就职演说，讲台下面人潮汹涌，各路媒体也做好了准备。他走到讲台，却发现讲台上没有放桌子，他手上的拐杖和帽子一时不知道放到哪里才好。他瞥见旁边有个栅栏，就把拐杖倚在栅栏上，但是由于栅栏过高，帽子放不上去，戴着帽子在这种重要的场合演讲肯定不合适，这是对民众的不尊重。

正在这时候，道格拉斯走了过来轻轻接过林肯手中的帽子，并一直捧在手上，直到林肯演说结束。道格拉斯虽然与林肯有积怨，但是在重要的场合，他选择了宽容，他的做法体现了自己的良好修养，赢得了林肯的信任，也得到他人的赞赏。

海明威和道格拉斯通过宽容，赢得了朋友的友谊，赢得了他人的认可，同时我们也可以感受到，对他人的宽容就是对自己的宽容，是情商提升中不可缺少的一部分。

点亮自己»

法国著名作家雨果曾经这样说：“世界上最宽阔的是海洋，比海洋更宽阔的是天空，比天空更宽阔的是人的胸怀。”宽容的胸怀体现个人的修养和情商，因此我们对待他人，要做到宽容和豁达。这样才能收获信任和情谊。宽容他人，要做到以下两点：

第一，宽容他人的错误。宽容他人的错误，是一种高情商的做法。这样不仅体现了自己的豁达，还增进了对方对你的信任和好感。

第二，宽容自己。对于自己，也要宽容。宽容自己也是一种高情商的表现。如果一个人由于自己犯了一个小错误就对以后的工作变得消极气馁，这会给他人留下没有担当的不好印象，也会阻碍自身发展的前途。

低调做人，这是一种睿智

低调做人是一种智慧。越是有水平的人，越是低调，反而是水平不够的人，往往会通过高调的做派来掩饰自己的没有底气。比尔·盖茨多次被评为世界首富，并且通过做慈善捐出巨额的财富，但是现实生活中他却是一个没有架子的人，他的低调，让他的人生更是充满智慧的光芒。

有副对联这样写的：做杂事兼杂学当杂家杂七杂八尤有趣，先爬

行后爬坡再爬山爬来爬去终登顶，横批是低调做人。一个人的成功来源于平凡的杂事的积累，成功后不能飘飘欲仙。我国的跳水皇后郭晶晶，嫁入豪门后依旧过着普通的日子，穿牛仔裤，逛超市，她的低调为她赢得了更多人的喜爱。

真正优秀和成功的人，都会低调做人，深藏功与名，这是一种人生大智慧。

读故事，悟情商

美国的投资家巴菲特，通过奋斗事业和投资金融拥有了大量的财富，2016年被美国《福布斯》杂志评为“美国400富豪榜”第3名。但是巴菲特却是一个低调的人。

巴菲特对自己生活的描述是这样的：简单、传统、节俭。他不仅这样说，也这样践行着。他深入简出，不喜欢抛头露面，出席公开活动。他经常带着一副古板的眼镜，而这个眼镜还不是自己买的，是撒切尔送给他的，他穿着简朴，经常被别人当成普通的职员。他的钱包用了20年，直到1999年才为了慈善事业被拍卖掉。他的衣服很少，屈指可数。一天，他的女儿苏珊和妻子去逛商场，商量着给巴菲特买一套新衣服，因为他身上的那套衣服已经穿了好多年了，家人已经看烦了。巴菲特看到这套新衣服，非常不高兴地说：“你们把这套衣服退掉，我有驼绒运动衫和蓝色的夹克了。”他的衣服不穿得特别破旧是不会换的。巴菲特喜欢喝可乐，这是很多人都知道的，但是他会选择最实惠的方式，他每次购买每箱12罐的可乐50箱，因为这个数目上折扣最划算，不去快餐店喝，因为比罐装的贵。他的住房是一栋从

1958年就开始住的房子，汽车是一辆老林肯车，是2002年款的。可以说，他的吃、穿、住、用、行都是最基本的，没有豪华，只有普通和低调。

他的婚礼用了15分钟，是我听说过的最低调的婚礼。结婚时，他是世界第二富翁，未婚妻已经和他同居了28年，对于普通人来说，婚礼肯定会奢华、隆重，但是巴菲特却选择了极其低调的方式。他的婚礼由自己的女儿主持，夫妻双方穿着普通的衣服，只邀请了最亲近的人参加，15分钟的婚礼结束后，巴菲特请大家到附近的海鲜店吃饭，第二天又按时去上班了，没有蜜月，婚戒也是买的打折的，这可能是他为自己的婚礼花费得最贵的物件了。

巴菲特作为世界数一数二的富豪，经济实力比绝大多数人都雄厚，但是与他的财富形成最大反差的是他低调做人的态度，他的低调为他带来了更多的神秘色彩，他被大家称为“股神”。

点亮自己»

低调是一种人生态度，低调的人更有内涵。要想低调做人，需要遵循以下三个要点：

第一，对自己：严格要求，谦虚谨慎。低调做人需要修炼，要对自己严格要求，任何时候不能骄傲，要谦虚谨慎。如英语六级的成绩出来了，你考了个很高的分数，寝室有人哀愁有人喜。如果这时候，你只顾自己高兴，发了朋友圈晒分数，并在寝室大喊大叫，炫耀自己的分数有多高。一方面这会让没有考好的同学生气，另一方面，太过夸张的炫耀让他人觉得你没有深度，骄傲自大。

第二，对他人：不过分注重他人看法。低调为人，需要自己做到不过分注重他人的看法。任何时候坚守自己认为正确的事情，低调潜行。如你喜欢画画，可是家长和老师都认为画画不好找工作，对以后的就业没有任何帮助，不如专心学习文化课。这种时候要学会坚持，三百六十行，行行出状元，只要学精学好，比做其他自己不喜欢的事情要好很多。

第三，对世界：坚持自己的价值观和人生观。世界日新月异，周遭变化无常，面对变化着的世界，我们要学会坚守自己的价值观和人生观，不被世界打败。巴菲特面对世界的变化，一直坚守着自己节约、简朴的生活作风，让人敬佩。

沉稳是成熟的标配

曾国藩曾经这样说到：“恒言平稳二字极可玩，盖天下之事，惟平则稳。行险亦有得的，终是不稳，故君子居易。”“平稳”与今日的“沉稳”意思相近，沉稳可使事成。一个人是否成熟，要看他为人是否沉稳，沉稳是成熟的标配。

沉稳的人最值得信任：沉稳的人宠辱不惊，遇事能掌控自己的情绪，例如遇到突发情况，有些人就会乱了阵脚，而沉稳的人则不惊慌；沉稳的人不轻易表露自己的观点，给自己留有余地。

如与他人谈判，不沉稳的人会将自己的思路和期待全盘托出，使自己处于被动局面，而沉稳的人不会轻易表露自己的底牌，根据对方的态度和思路，适时寻找机会突破，让自己处于主动的位置。沉稳的人有担当，对待生活有合适的期待。

沉稳的人有担当，当生活和工作中发生不愉快的事情时，不沉稳的人会迫不急待地去找他人诉说，弄得所有人都知道，而沉稳的人会默默承担不愉快，冷静地思索并找机会与他人和解。因此，沉稳的人为人牢靠，做事靠谱，最值得信任和依赖。

读故事，悟情商

东周时期，中山国是魏国北边的一个小国家，战斗力弱，被魏国收服，到了战国时期，魏国老国君逝世，全国举行国丧，赵国趁机将中山国占领，据为己有。国丧结束后，魏国新国君魏惠王即位，为了报赵国趁虚占领中山的仇恨，魏惠王派朝中的大将庞涓去攻打中山。

庞涓想了一下，对魏惠王说："君王，中山太小，不值得专门出兵攻打，不如直接进攻赵国的都城，将赵国打败，不但收回了中山，还能消除一个对手，比攻打中山更有意义。"

魏惠王听了庞涓的话，认为他说的很有道理，打败赵国就离统一大业更近了一步。于是，魏惠王任命庞涓为大将，并配备充足兵力，直奔赵国的都城邯郸，并将邯郸围困起来。

赵王看到魏国来势汹汹，自觉无法自保，就向齐国求救，并对齐王许诺，如果能帮赵王成功解围，就把中山赠与齐国。齐威王仔细考虑后，答应了赵国的请求，命令田忌为大将，孙膑为军师，率兵向赵国进发。

孙膑之前是魏国人，而且与庞涓是一师之徒，深谙兵法之道，魏王对他也特别重视，花重金请他为魏国效力。当时的庞涓，也在魏王手下做事，他自觉不如孙膑，又害怕孙膑比自己强独占魏王的信任，在强烈的嫉妒心驱使下，他设计将孙膑的髌骨挖掉，并打断了他的两只脚，而且在孙膑的脸上刺上字，让孙膑无法走路，不能见人。孙膑为保住自己的性命，无奈装疯卖傻，最后幸亏被齐国的使者相救，因此逃到了齐国，效力于齐威王。孙膑一直谨记自己受到的侮辱，时刻不能忘怀。

田忌和孙膑走到魏国与赵国的交界地带时，田忌想直接去赵国的都城邯郸，正面攻打庞涓的军队，帮赵国解围。孙膑对田忌说道："要像解开缠绕在一起的丝线绳结一样，不能用拳头直接扑打试图平息打斗，要想使纠纷得到平息就要抓住事情的要害，从双方的弱点获取优势，这样双方才能自然分开。根据现在的情况，魏国攻打赵国将国家大部分的兵力都派了出来，如果我们直接攻击魏国的都城，庞涓肯定领军回来解救都城的危机，这样赵国的危险自然就被破解了。我们再将主力埋伏在庞涓军队回来的途中，这样一来，庞涓必会失败。"田忌听孙膑说的有道理，就按孙膑的主意行事。

果然，不出孙膑所料，魏军为救都城之危，班师回朝，由于长途跋涉，疲惫不堪，再加上在途中遭遇齐国的埋伏，被打得狼狈不堪。齐国"围魏救赵"，成功帮赵国解除危机，赢得了战争的胜利。

"围魏救赵"充分显示了孙膑的沉稳，他对局势有了充分的掌握，并能找到破解问题的关键，且用兵出其不意，让对方猜不透他的目的。此次战役之后，孙膑名声鹊起。

点亮自己»

沉稳是一个人成熟的标志，沉稳的人为人处事冷静、沉着，值得他人信任。要做到沉稳需要注意以下两个要点：

第一，强大的心理承受能力，宠辱不惊。沉稳的人都有一颗强大的内心，遇到波澜能够轻松驾驭，这才有大将之风。如在与客户洽谈会上，助手进来悄悄告诉你，产品运输出了问题，大量产品被损坏，公司蒙受大量的损失。此时，要沉稳，千万不要惊慌，依旧按原计划进行沟通谈判，待日后再积极策划产品补救措施。如果神态反应过于强烈，让客户感受到公司的异常，会给接下来的洽谈带来巨大的阻力。

第二，保持主动，留有余地。沉稳的人处世会为自己留有余地，不极端不冲动。例如，作为公司的代表与客户沟通下一季度的合作事宜，沉稳的人会根据对方的反应和评价进行顺势沟通，争取更加合理的价格；不沉稳的人会急于表露自己的观点和低价，让对方获得主动权，从而给公司带来损失。

关于沉稳就像俄国作家冈察洛夫说的那样：“一切事情都得冷眼观察，一切事物都得盘算掂量，别让自己沉醉，别胡思乱想，不受诱惑，哪怕幸福就在眼前。”我们要努力让自己越来越成熟，为人更加沉稳睿智，这样不仅能赢得他人的信任，还能提高自己的为人处事的能力。

蝇头小利，大度一点

“不计小利，必有大谋”。高情商的人不计较蝇头小利，而是用蝇头小利换取他人的尊敬。蝇头小利不涉及原则性的问题，多以无意义的你争我夺为过程，或以霸道的占有为目的，我们就采取大度一点的态度，不为蝇头小利斤斤计较，一方面可以减少不必要的纷扰，另一方面体现了自己的高尚节操。

不计小利不是告诉我们凡事都不争不抢，而是对于那些不涉及原则性和是非性的问题就不要过分苛求，大度一点，不仅让自己过得坦然，还能为自己留得好名声，“以大度兼容，则万物兼济。”

读故事，悟情商

张英是康熙年间的文华殿大学士兼礼部尚书，主管国家的礼仪道德。一天，张家与邻居因为老宅子的宅基地的边界问题起了分歧，由于老宅子年代久远，无据可查，所以谁都认为自己家的宅基地多一些，公说公有理，婆说婆有理。

由于张家的张英位高权重，其他人都不敢随便评判，以至于官府的人都不敢接收这个案子。由于事情迟迟得不到解决，张家人一封书信，就将情况写给了张英，希望张英通过自己的权势和地位帮自己家争得更多的宅基地。

张英接到书信，看到信后哑然失笑，他挥起大笔写了一首打油诗，诗的内容是：“千里修书只为墙，让他三尺又何妨。万里长城今犹在，不见当年秦始皇。”借此诗规劝家人不要为了贪图蝇头小利失去理智，要大度一些，让给邻居三尺地又有何妨呢？张家人按张英的指示，主动将院墙往里挪了三尺。邻居看到张家的行为，非常感动，也向里挪了三尺。大家都称赞张家人大度，并将这条巷子称为“六尺巷”。

张家的大度行为，不仅解决了争端，还赢得了他人的认可和尊敬。

春秋时期，鲍叔牙和管仲是关系要好的朋友。年轻时，两人一起做生意，到分利润的时候，管仲每次都会比鲍叔牙拿的多，其他人都为鲍叔牙打抱不平，说管仲贪蝇头小利，连自己最好的朋友都欺负。鲍叔牙笑着说：“管仲不是爱贪蝇头小利，而是自己家里贫困，需要养活一大家人，这是我自愿多给他的。”鲍叔牙的大度让管仲非常感动。

后来，鲍叔牙和管仲分别辅佐了齐国不同的皇子，鲍叔牙为齐国公子小白当谋士，管仲效力于齐国的公子纠。齐国的国君去世后，公子小白和公子纠展开了对王位的争夺，鲍叔牙和管仲也处于利益的对立方。

管仲为了让公子纠坐上皇位，还亲自骑马拦截公子小白，并对公子小白射箭，试图致他于死地，不料，公子小白的腰带挡住了管仲的

箭，因此他并没有受伤，反而日夜兼程，在公子纠之前赶回了齐国，坐上了王位，成为齐桓公。齐桓公即位后，为消除公子纠对自己的威胁，将公子纠杀害，管仲也被打入大牢。

政权稳固后，齐桓公想到鲍叔牙护驾有功，而且足智多谋，想要拜他为相。鲍叔牙坚决不同意，并大力推荐管仲为相。齐桓公本来记恨管仲向自己射箭，想要杀掉他报一箭之仇。但是经过鲍叔牙的极力推荐和劝说，齐桓公最后还是听取了他的意见，释放管仲并重用他。经过管仲的辅佐，齐国实力渐强，最终成了春秋五霸之一。

鲍叔牙对待管仲就是大度的典范，他对于管仲的“贪图蝇头小利”毫不计较，而是看到管仲身上的才华，并在关键时刻，放弃自己的前程推荐他，实在是令人钦佩。

点亮自己

大度是一种生活态度，是一种情绪得到良好控制后的智慧体现，大度的人一般活得洒脱、豁达，不会因为生活中的小事斤斤计较而招致坏心情。贪图蝇头小利的人，活在自己狭隘的眼界里，只看到眼前的利益，看不到长远的影响，他们的生活充斥着埋怨、不平等、不快乐。高情商的人会选择大度一点地生活，拥有高质量的生活，大度地对待小吃亏，不为小事伤脑筋，因此活得会更加快乐。

贪小便宜是人的天性，因此避开蝇头小利，大度对待生活中的小诱惑是一件并不简单的事情，我们要做到放弃蝇头小利，大度一点，需要注意以下两点：

第一，纵向看，分清长远利益和眼前利益。贪图小便宜的人考虑问题都是从眼前利益出发，不考虑长远的利益。例如，王五是个爱占蝇头小利的人，今天捡了张三家的一个鸡蛋；明天借了李四家一袋盐不还等等，从眼前来看，他会多一个鸡蛋一袋盐，从长远来看，他失去了张三和李四的信任，当自己家里有难事的时候，没有人愿意过来帮他，到时候损失的可比得到的东西多。因此，高情商的人目光远大，知道以长远利益为重，不贪图蝇头小利。

因此，我们要分得清个人利益和他人利益，不斤斤计较，做一个大度的人。

第二，横向看，分清他人利益和个人利益。气量小的人想让他人利益让步个人利益，这种人喜欢以个人利益为中心，甚至认为别人的付出是理所当然的，着实令人反感；大度的人会将部分个人利益让步于他人利益，例如牺牲部分个人利益换取他人的幸福、平安，所以说，这种人是高尚的，让人心生敬意。

第十一章

慈爱友善：用情商点亮你的“爱”

善良、仁慈、爱是能让这个世界美好的重要元素，每个人都有善良的一面，但是，我们经常会听到某人因为善良而被欺骗，乃至倾家荡产的新闻。为此，我们需要带着情商展现自己的“慈爱友善”。

善良是高情商的外在表现

善良是人的本性，是人性最光辉的点，善良让人类世界充满温暖和爱。马克·吐温曾经说过："善良的、忠心的、心里充满着爱的人不断地给人间带来幸福。"对于个人来说，保持一颗善良仁爱的心，不但让自己的心中充满爱与温暖，也会通过自己的行为，将温暖带给他人。善良的本性对于个人发展也是一种帮助，善良可以为迷茫的人指明方向，像《浮士德》中说的那样："善良人在追求中纵然迷惘，却终将意识到有一条正途。"善良也可以为自己带来机遇，一个小小的善良举动，既能体现你的素质，也能给他人留下深刻印象，从而赢得他人的信任。

但是善良是讲原则、讲条件的，适当的善良能够为自己和他人带来温暖，不合时宜的善良会给自己招致灾祸。我们要利用自己的高情商，让自己的善良不被欺骗和辜负。而具有高情商可以让我们识别虚伪和丑恶，避免将自己的善良投错地方。

读故事，悟情商

王先生是北京一家广告公司的业务部经理，负责公司业务的拓展和部门的管理。一天，公司安排王先生与公司最大的合作伙伴洽谈下

个季度的合作事宜，由于是公司最大的客户，公司领导特别重视，要求务必拿下下个季度的合约。

王先生到达会议地点后，与客户方就下个季度的广告合约进行了商议。客户希望王先生公司出一个更加优惠的方案，减少下一季度的广告投入。由于公司对于价格有明确的底线，客户不满意王先生的价格，导致谈判陷入僵局。

客户的负责人是来自上海的李先生，一天的会议结束后，去卫生间的时候，王先生无意中听到李先生和妻子打电话，语言很激烈，听李先生说话的意思是准备和妻子离婚。王先生听到后，觉得虽然双方还没达成一致意见，但是基本的关心还是应该到位的。

因此，在双方一起吃饭的饭桌上，王先生端着酒杯对李先生说：“李先生，听说你要和妻子离婚，我虽然没有什么经验，但是认识一些律师，有需要帮忙的可以和我说哦。”李先生听到王先生的话，脸一下子涨得通红，因为离婚是自己的家务事，在工作场合被提到本身就觉得尴尬，而且自己没有和王先生说过这件事，也没和其他人说起过，是不想被别人看笑话，况且饭桌上这么多人都在，王先生的话搞得李先生非常难堪，其他人也好奇地看着李先生。

第二天，当双方继续洽谈业务的时候，李先生对昨天王先生的行为久久不能释怀，他将这种情绪带到了工作中，坚决不同意王先生的报价。可想而知，业务最终没有谈成，王先生丢掉了公司最大的客户，为公司带来很大的损失。

王先生的行为不是高情商的体现，而是听到他人的隐私后不知道保密，没有考虑他人的感受，给他人带来苦恼和难堪，尽管是出于善意想去帮忙，却不是善良的正常体现，是明显的不合时宜。

点亮自己»

善良需要情商的支撑，才能让自己的善良有所回报。我们不能将善良付与错误的人和事。因此善良不是不讲原则和方法的，我们要学会正确地使用善良，做到这一点，需要我们遵循以下两点：

第一，善良不泛滥。善良需要高情商的支撑，不是随性而为，而是讲究一定原则的。付出自己的善良时要看清对象和情境，否则会因为泛滥的善良，伤害他人的自尊心和自信心，并使他人远离你。

第二，善良不刻意。善良是发自内心的，是自然而然的，刻意的善良不值得提倡。春秋时期，晋国有一个掌握权势的大臣赵简子，喜欢在过年时放生斑鸠，以示对生灵的仁爱。为了取悦他，许多人在过年时将斑鸠抓住送给他放生。赵简子认为自己放生斑鸠是对生灵的爱护，是怀有仁爱之心的表现，但是，这些斑鸠本身就是自由的，为了取悦他，大家都去捕捉斑鸠，因此打伤了很多斑鸠。他的刻意善良，只是为了博取善良之名，满足心灵安慰，却给斑鸠带来了伤害。

因此，真正的善良需要情商的支撑，辨别何为恰合时宜，怎样才是不刻意做作，所以说，善良更是高情商的外在表现。

有爱心的人招人爱

梵高说过这样的话：“爱之花开放的地方，生命便能欣欣向荣。”由此可见，爱心是生命的养料，爱心给生命生存的希望。爱心是一种关怀和爱护的感情，体现了一种奉献精神，充满爱心的人会为了他人牺牲自己的利益。因此，有爱心的人是值得尊敬的，有爱心的人也能受到他人的喜爱。

有爱心的人处处为他人着想，爱护大自然里的动物和植物，同情受到伤害的心灵。有爱心的人纯洁善良，像温暖的太阳，给饥寒交迫的人带来温暖，给枯萎的心灵带来滋润，给迷途的人指引方向。但是随着社会的发展，快节奏的生活使人逐渐变得麻木不仁，爱心也越来越稀少，在这浮躁的年代，保有一颗爱心更是难能可贵。

读故事，悟情商

2016年感动中国十大人物之一的吴锦泉，是江苏省的一个小村庄里的普通农民，如今已经八十多岁高龄，他和老伴住在三间破旧的瓦房中，靠走街串巷磨刀为生。

吴锦泉的生活虽然不富裕，但是他非常有爱心，他经常去福利院看望孤儿，义务为村里修路补桥，还不惜将自己磨刀挣到的辛苦钱捐献给需要帮助的人。

2010年8月9日，吴锦泉在广播中听到甘肃舟曲发生了特大泥石流灾害，他将磨刀挣来的1000元钱捐给灾区，这1000元全是硬币，是老人的血汗换来的。2013年4月20日，雅安地震，吴锦泉得知后又将两年来挣得的1966.2元捐给灾区。有人统计，从2008年的汶川地震之后，他前后捐了37000多元。

他的爱心和奉献精神感动了中国人，并受到大家的喜爱和尊重。

霍桑曾是19世纪美国著名的浪漫主义作家。他在小说《红字》中写到：海丝特·白兰嫁给了奇灵渥斯后，与别人私通，这在当时的社会环境中是不被允许存在的，为此她被关进监狱，并被戴上标志"通奸"的红色"A"（Adultery）字示众，她因此受到世人的唾弃和鄙视。

海丝特·白兰出狱后，带着自己年幼的女儿离群索居，为了维持生计，她只能依靠给别人做针线赚钱。她脖子上鲜红的A字时刻提醒着周围的人她不堪的过去，为此她们的生活异常艰难。

但是，海丝特·白兰并没有因此失去生的希望而一蹶不振，反而用自己的智慧和耐心将女儿小珠儿抚养成了一个美丽善良的姑娘。而且，海丝特·白兰也不遗余力地帮助周围的人，渐渐地，她们的热情和善良，感动了周围的人。经过时代的变迁，当海丝特·白兰回到故乡时，很多目击她被烙上"A"字的人都已离去，年轻一代的人看到她帮助大家的时候，纷纷认为"A"字烙印想表达的是Angel（天使）。

海丝特·白兰用爱心改变了原本丑陋的红字，像天使一样活在人

们心中。

点亮自己»

左拉曾经说过：“爱是不会老的，它留着的是永恒的火焰与不灭的光辉，世界的存在，就以它为养料。”爱心是世界得以温暖前行的无形的支柱，爱心能温暖他人，爱心让自己学会给予和奉献。有爱心的人也会受到他人的喜爱，坚持做有爱心的人，需要我们做到以下两点：

第一，要有奉献精神。爱心是不求回报的奉献，作为一个有爱心的人，首先要具备奉献精神，如“雷锋出差一千里，好事做了一火车”，雷锋具有爱心，也有奉献精神，他做好事不留名，不图回报。因此当他去世后，才受到那么高的评价。

第二，要坚持不懈。有爱心是人的本性，坚持有爱心体现了一个人高贵的品格。做有爱心的人，不是偶尔奉献一次就可以的，而是需要坚持不懈。如看到路边有只受伤的流浪猫，你有爱心地将它抱回家，但是时间一长，没有耐心照顾它，最后又将它扔回了路边。这不是有爱心的人应该做的，这样的爱心没有坚持不懈，不值得大家喜爱和尊敬。

举手之劳，不要吝啬

积土成山，集腋成裘。任何庞大的事物都来自细小的积累，因此可知，成事在于细微凝聚。千里之堤，毁于蚁穴，任何巨大的失败都源于细微的小事，因此可知，败事也在于细微。所以，我们做人做事不能忽略细枝末节，不要吝啬自己的举手之劳，甚至一个无足轻重的动作能都引起巨大的改变。

“蝴蝶效应”指出，亚洲的蝴蝶拍下翅膀，几个月将会在美洲后引起龙卷风。由此可见一个细微的动作能够给他人带来巨大的改变，观之于我们，一个举手之劳会可能会改变他人的命运。例如，平常出去吃饭拒绝使用一次性筷子，可能就会为我国的环保事业带来巨大的改变；当别人处于焦虑状态时，也许你一个不经意的关心，会给他人带来无尽的鼓舞。

读故事，悟情商

福特大学毕业时，到当地一家汽车公司应聘工作。当时进入面试的人学历都比他高，因此福特在心底有些沮丧，感觉进入公司的希望渺茫，但是他还是按时到达了公司。

这家公司的面试是由董事长亲自当面试官，福特按通知来到了董

事长的办公式门口，他敲门的时候，发现地上有一团纸，他随手捡了起来，确认是废纸后就顺手把纸扔到了垃圾篓里。听到董事长说“请进”，福特推开门进入了办公室，并有礼貌地说道：“您好，我是来公司应聘的福特。”

董事长看到他进来后，说道：“福特，你好，你已经被我们公司聘用了。”

福特听到董事长的话非常惊讶，自己还什么都没有说也没有做呢，而且其他几位应聘的人员学历条件都比自己好。后来，福特才知道，正是自己不经意的一个举手之劳，捡起了地上的那片废纸，公司就决定了录用他。

从此，福特走出了辉煌的职业道路，他凭借自身实力一路升职，最后与11位投资人组建了自己的公司，将公司定名为福特汽车公司。经过几年拼博，福特公司已名扬天下，成了美国汽车行业数一数二的大公司。

一家保险公司的业务员和福特有相似的经历。他拜访一家公司的经理，希望这位经理买自己的保险，但是经理似乎不为之所动，一次次地拒绝他。他不厌其烦地拜访了很多次，并与经理面谈了很多次，最后经理终于愿意和他合作，买了一份他公司的保险。他事后问经理是什么驱使他选择了自己，经理说道：“我在窗户里看到公司的地上有一片废纸，我观察了一上午，一直没人愿意弯腰捡起这片纸，直到你来了，顺手将这片纸扔到了垃圾篓，所以我决定和你合作。”这个业务员怎么也没想到，自己的一个举手之劳，为自己赢得了一个大单。

点亮自己»

一个举手之劳，能给自己带来好运；一个举手之劳，能给他人带来激励；一个举手之劳，可以改变一个人的命运轨迹。因此，不要吝啬自己的举手之劳，它或许能让你收获人生意外的惊喜。其实生活中我们会遇到很多“举手之劳”的机会，高情商的人从来不会放过这个机会，甚至可能在这些机会中会获得更多的成功。

不吝啬自己的举手之劳，需要我们做到以下两点：

第一，注重细节，养成习惯。作为著名的心理学家、哲学家的威廉·詹姆士曾经说过：“播下一个行动，你将收获一种习惯；播下一种习惯，你将收获一种性格；播下一种性格，你将收获一种命运。”习惯决定了命运，例如上面的故事中，如果福特没有随手捡垃圾这种爱护公共卫生的习惯，那么他的行为和命运就不会得到改变。由此而知，对于举手之劳的小事，伸手去做是一种习惯，我们要注重这种习惯的养成。

第二，要有同理心。对于自己来说，举手之劳的小事并不重要，甚至无足轻重，有些人会觉得做与不做差别不大，但是如果我们有同理心，就能认识到，一些小事对于自己来说或许不足挂齿，然而对别人来讲特别重要。可能你一个关切的眼神，一杯热水，对别人来说都是莫大的关爱。因此，我们要有同理心，从对方角度出发，不吝啬举手之劳。

低情商的善良是愚昧

低情商、不讲原则的善良，是愚昧。善良是一个人对待世界的善意，前提是分清善恶、讲原则。善良不是一味的妥协，不是迁就他人，而是当别人需要帮助的时候，及时伸出援手。低情商的善良没有价值，甚至还会给自己带来不好的影响。因此，善良需要高情商的支撑。

如小李的善良，当别人求助于他的时候，他都不忍心拒绝别人。每天到单位后，前面的小王总是让小李帮自己整理客户表格，好不容易帮他做完了，旁边的小刘又说：“小李，你经验丰富，你帮我看看我做的方案有什么需要改进的地方好吗？”小李不好拒绝，又帮小刘看了看方案，结果，小美又让他帮忙修一下电脑。时间过得很快，转眼到了下班时间，小李发现领导安排给他的工作他还没有开始做，结果大家都下班了，只剩他一个人在加班。小李的善良毫不讲原则，他的善良是低情商的善良，是愚昧的表现。

读故事，悟情商

一个北风呼啸的寒冷冬夜，路上行人寥寥。一条蛇蜷缩着身子躺在路边的雪地里，奄奄一息，它快要被冻死了。这时，一个好心的农夫路过这里，发现了这条冻僵了的蛇，他觉得这条蛇非常可怜。

于是善良的农夫走到蛇的身边，用双手将它抱起来，放进自己的怀中，用身体的温度暖热冻僵的蛇。蛇感受到温暖渐渐苏醒过来，它发现身边有个人，就狠狠地咬了下去，这条蛇是毒蛇，农夫因此受到了巨大的创伤，他悔恨地说："我想行善积德，却分不清善恶，让自己遭受这样的报应，结果害了自己。"

农夫的善良没有高情商的支撑，分不清善恶，自己的善良反而害了自己。同样的情况也发生在东郭先生头上。

一天，东郭先生赶着毛驴走在路上，毛驴驮着一袋东西，慢悠悠地走着。突然，路中间窜出一只狼，他对东郭先生说道："善良的先生，救救我吧，我被一个猎人追赶，还因此受了伤，实在跑不动了，您让我藏到您的布袋里吧，求求您了。"东郭先生觉得狼很可怜，就同意了他的主意，他将自己的布袋打开，让狼蜷缩进布袋，然后用绳子扎紧布袋。

不一会儿，猎人果然追来了，他问东郭先生有没有看见一条受伤的狼，它往哪个方向跑了。东郭先生回答道："我没有看到狼，这条路岔路多，可能它从别的岔路上跑掉了。"猎人听了东郭先生的话，骑着马到别的方向寻找去了。

狼在布袋里，听到猎人走远了，就让东郭先生将自己放了出来，它看着东郭先生，露出了自己凶残的真面目，它对东郭先生说："先生，你的好心救了我的命，但是我现在非常饿，你好人做到底，让我吃了你吧。"说完就要扑向东郭先生。

这时，正好有一位农夫路过这里，东郭先生拉着农夫，让农夫为自己评理。农夫看到凶恶的狼，灵机一动说道：“你俩的话我都不相信，这个布袋这么小，怎么能装得下这么大的大灰狼呢？您再装一下，让我亲眼看看。”

为了证明自己可以钻进布袋，狼又重新蜷着身子钻进了布袋，农夫看到后，赶紧将布袋扎紧，用自己手中的锄头，将狼打死了。

点亮自己»

善良是一个人对待他人的善意，需要高情商的支撑，低情商的善良是愚昧，不但别人不会感激你，还会让自己受到伤害。因此，要拒绝低情商的善良，不让愚昧的善良发生在自己的身上，需要我们做到以下两点：

第一，善良讲原则。善良要讲究原则，善良不是替别人完成他们的工作，而是当他们遇到困难时，根据自己的能力提供力所能及的帮助；另外对于是非问题，要讲究原则，别人做错事就要承担对应的责任，此时，愚昧的善良会促使人们帮其逃脱责罚。如朋友结婚后，向你倾诉，自己的老公有暴力倾向，经常打人。此时作为她的朋友，你善良地帮她出主意，也要讲究原则，明白打人是违反原则的问题，应该直接劝朋友离开这个男人，而不是劝他为了家人忍受下去，这不是真正的善良，这是不讲原则的愚昧的善良。

第二，善良分对象。善良针对的是善良的人，而不是对恶人。我们释放我们的善良之心时，要看清楚对方的真实面目。像《东郭先生与狼》的故事中，狼本身就是诡计多端、凶恶的野兽，是需要用智慧消灭掉的一方，而不是用善良帮助它，倘若善心相救，最终它将会伤害到你。在现实生活中，如果有小偷或者劫匪向你求助，让你庇护他们不被警察逮住，如果你这时认为他们处于弱势，是可怜之人，而伸出援手，那么紧接着受到伤害的就是你或者整个社会，这是姑息养奸，是愚昧的行为。

由此我们可以知道，低情商的善良不值得提倡，低情商的善良是愚昧，不是真正的善良。我们在为人处事的过程中要尽量避免，我们要做到善良讲原则，分对象，将自己的善良用高情商支撑起来。

不要让道德绑架慈爱

慈爱来自内心，是个人权利，而不是义务。随着社会的发展，尤其是互联网的发展，道德绑架事件频发，道德绑架不考虑当事人的感受，不尊重当事人的选择，让人反感，有损于慈爱的延续。

电白县有一位患尿毒症的女孩蔡燕梅，需要换肾才能完全康复，家人花了 10 多万后负债累累，希望大家捐钱。此时，互联网上，一位叫“冰尘”的网友说：“我们钱不多也不够，倒不如让那些中彩票的人捐出 25 万，这些钱是别人给的，又不是自己挣的，捐出来点也无所谓。”

恰好当地有位彩民中了 1200 万元大奖，当他去领奖的时候，有很多网友在投注站拉上求助横幅，希望中奖的人捐款救助。

网友的道德绑架行为让人反感，首先，中奖捐款不是一个人必须

要尽的义务，而是决定于自己。这些道德绑架者没有尊重他人的自主选择权。其次，通过媒体和他人的施压，让人迫于压力行善，这很让人反感和不舒服。最后，道德绑架不是一个长效机制，不能让慈爱长期进行下去，当事人被道德绑架一次，下次遇到同样的情况，肯定不愿意伸出援手了。

读故事，悟情商

洪战辉来自河南，曾经用自己的经历感动了中国，还当选当年的感动中国十大人物，成了全国有名的人物。

洪战辉成名后，被邀请在全国各地做了150多场报告，但是这些报告是免费的。他认为自己作报告是一种劳动和付出，需要提前精心地准备，同时他的分享也会带来个人提升，这种劳动和付出理所当然应该得到一些报酬。

但是人们用道德绑架了他，大家会认为，你是道德楷模，是全国人民做人的榜样，应该是淡薄名利的，怎么会计较这些出场费呢？另外你现在是一个公众人物，公然要出场费是不是对自己的形象影响不好？因此，种种道德绑架让他在报告中只付出，不谈收获，也因此，他拒绝了部分邀请，学会拒绝和回避这种场合。

洪战辉是公众人物，遭遇道德绑架后只能用沉默应对，我们作为普通人，生活中也难免会遭遇道德绑架。

公司有个同事小刘，家庭条件不错，有房有车有存款，而且家人都买了重大医疗保险。一天，小刘在微信上发消息说，自己的妈妈得了乳腺癌，治疗需要很多费用，希望大家捐款。发过朋友圈后，他还一个同事一个同事地私聊，让大家捐钱帮自己的母亲看病。

一些心软的同事给他打了一些钱，当小刘问小美时，小美当即回复道："不好意思，无能为力。"

小刘一看小美的信息，生气地回复道："你怎么这么没有善心，你难道没有父母么，怎么这么冷血？"

小美无奈地回复道："你有房有车，而且你的妈妈又有重疾险，你经济能力明显能够承担，现在还没开始治病花钱，你就让大家捐款，你这样是让我们大家替你孝顺你妈妈么？这样合理吗？合适吗？真鄙视你的这种行为！"

小美的一番话说得他哑口无言。确实，小刘的这种道德绑架让人反感，这种逼着你表现自己善良的情况让人觉得有很强的压迫和不适。

点亮自己»

胡适曾说："一个肮脏的国家，如果人人讲规则而不是谈道德，最终会变成一个有人味儿的正常国家，道德自然会逐渐回归。而一个干净的国家，如果人人都不讲规则却大谈道德，最终会堕落成为一个伪君子遍布的肮脏国家。"

由此可见，一个正常干净的国家，是讲规则在道德之上。一个肮脏的国家，道德约束高于法律约束，可以随便地通过道德对他人进行道德绑架。善良慈爱是发自内心的自然流露，而不应该是被迫表现出来的，所以我们应该注意自己的言行，拒绝道德绑架。做到这些，那

么需要我们注意以下两点：

第一，拒绝用道德谋私利。道德绑架的发生，多是由于某些人站在道德的制高点上，用道德谋取个人私利。例如电影《搜索》中，患了癌症的叶蓝秋，在公交上，各种情绪交织，此时，一位老大爷上车后站在叶蓝秋的位置边上，一位老太太看叶蓝秋无动于衷，对着她大喊：“我让你给这个大爷让个座！”她继续坐在位置上想事情，此时，癌症比眼前的这一切对她冲击更加巨大，这时站着的大爷说道：“大姐，不就一个座位吗？就当我呀，让给这个姑娘了。”由此，引起了后面的种种故事，电影中叶蓝秋随后遭受到整个社会的谴责。但是，跳出来看，为什么年轻人一定要让座，这里就是这位老人想利用自己的年老为自己谋私利，出发点在于自己的利益。

第二，不跟风，冷静分析。道德绑架的关键一环是社会舆论的推波助澜，媒体和围观的人是舆论的放大镜，过度夸张地解读他人行为，引导舆论导向。我们遇到类似的事情要保持冷静的态度，不跟风，不推波助澜，要明白慈爱是发自内心的，是个人的自主行为，我们作为外人无权干涉他人的决定和选择。

第十二章

知足有谋：做幸福人，修情商心

什么是幸福？有豪车有豪宅？家财万贯？官居一品？如果你觉得拥有这些就是幸福，那么你将永远得不到幸福，因为欲望一旦开启，便没有尽头。幸福是高情商的智慧体现，是自我调整的状态。

懂得知足，幸福自然来

知足者常乐，只要快乐了，幸福自然也伴随而来。知足的人口渴的时候，看到杯子里还有半杯水，会满足地说道："真好，还有半杯水！"而不知足的人看到，会悲观地说："噢，好糟糕，只剩半杯水了。"因此，知足的人活在被满足的快乐中，不知足的人活在无尽的欲望不被满足的悲伤中，所以知足的人更容易感到快乐和幸福。

人的幸福感来源于内心的被满足感，并不在于客观的物质条件。例如，特别饿的时候有人及时端上来一碗面条，这样就能感觉很幸福；如果特别撑的时候，面对一桌山珍海味，也不会感到幸福，反而由于胃的负担太过沉重而感到难受。因此，做人要知足，不必要追求自己不需要的东西，而要关注自己身边的事物，充满感恩之情地面对生活，才能活在快乐和幸福之中。

读故事，悟情商

古希腊著名的哲学家苏格拉底年轻时也有过窘迫的单身生活，他和几个朋友挤在不到十平米的房子里，但是他知足常乐，经常开开心心的。周围的人很奇怪，问他："那么多人住在那么小的房间里，平常转身都困难，你为什么还住得这么开心？"苏格拉底回答道："正

因为房间小，我和朋友们才能随时交流感情，这样有助于个人的提升啊。”

一段时间后，和他一同挤小房间的朋友们都先后结了婚，搬出了这个房间，只剩苏格拉底一个人，但是他每天仍旧是笑呵呵的，有人问他：“现在屋里只剩你一个人，应该感到很孤单吧，为什么你还是如此地开心呢？”

苏格拉底回答道：“我一个人，可以安安静静地看书，况且我的房间里有很多书，每本书都是我的老师，我随时都可以向我的老师请教，有什么可孤单的呢？”

后来，苏格拉底结了婚，搬出了小房间，和妻子住在一个七层楼的一楼，大家看来一楼的环境不好，人多，嘈杂，脏乱，苏格拉底却依旧住得兴高采烈，又有人问他：“一楼的环境这么不好，你还觉得没有关系？”

苏格拉底说：“你错了，住在一楼有很多好处呢，搬东西不用搬上搬下，朋友来了也不用爬楼梯，门前还有空地，可以用来种花，这么多乐趣，你怎么说不好呢？”

一年后，一位朋友家有行动不便的老人，苏格拉底将一楼的房子让给了朋友，自己住在了七楼，苏格拉底仍旧没有一丝的不高兴，有人好奇地问道：“七楼上下楼梯这么麻烦，您为什么还这么快乐呢？”

苏格拉底回答道：“七楼有七楼的好处啊，下上楼梯可以当做锻炼身体，七楼楼层高，光线充足，有利于我写文章，而且非常安静。多好啊！”

苏格拉底“随遇而安”，任何情况下都能保持乐观和满足，由此

可见，知足才能快乐，也才能从生活中找寻到幸福。

点亮自己»

知足才能快乐，睿智如苏格拉底，时刻保持知足常乐的状态，我们也应该向智慧的先人学习，保持一颗知足的心，去收获满满的幸福。要做到知足常乐，需要我们遵循以下两点：

第一，有一颗发现美的心灵。任何事物都有它的两面性，我们要能发现事物美好的一面，从积极的角度看待问题，培养一颗知足的心。

明朝的胡九韶，他的生活在外人看来有些艰难，为了解决温饱问题，他边教书边种地，一年下来，也存不了几个钱。但是他每天都活在感恩中，每天黄昏都要焚香感谢老天赐予他如此美好的生活。他的妻子不理解，问道："我们生活不富足，一天三顿饭都是粗茶淡饭，有什么可感谢的呢？"胡九韶回答道："我感谢上天让我生于没有战争的年代；我感谢上天让我们有吃有穿，不挨饿受冻；我感谢上天没有让我的家人生病、坐牢。这不就是上天恩赐的清福吗？"胡九韶因为懂得知足，所以过得幸福。

第二，轻物质，重精神。同样的五万块钱，在千万富翁看来不值一提，更带不来幸福感，但是对于贫穷的人，会给他们带来极大的幸福感，精神上的愉悦和满足才能带来真正的幸福。

因此知足常乐就要做到轻物质，重精神。弘一法师吃饭的时候，只有几片萝卜干下饭，虽然如此，他每顿饭都吃得很开心，别人问他："法师，萝卜干会不会太咸啊？"弘一法师淡然地回答道："咸有咸的味道。”他恬淡知足，不看重物质的东西，一心追求心灵的满足，如此超然物外才能做到知足常乐。

走火入魔的欲望没有尽头

《老子·俭欲第四十六》一书中说到：“罪莫大于可欲，祸莫大于不知足，咎莫大于欲得。”这就话的意思是放纵欲望是最大的罪过，不知足是最大的祸患，贪得无厌是最大的过失。由此可见，欲望是把双刃剑，适当的欲望能鼓励人追求美好的事物，促进个人的发展，而不受控的欲望则能带给人灾难。

人人都会追求美好的事物，适当的欲望给人动力，而欲望不受控的人，追求自己想要的东西没有了底线，走火入魔的欲望没有尽头，则说明你的情商已经到了低谷，那么最终会导致惨烈的失败。

读故事，悟情商

古时候，有个农夫每天早出晚归，操持自己的一小片土地，奈何他的土地贫瘠，一年到头的收成只够自己家人的温饱。当地的官员知道了他的情况，非常可怜农夫的生活情况，就对他说：“为了增加你的收入，我决定增加你的土地。你明天往远处跑，你跑过的土地都给你，不管你跑的地方有多大。”

农夫听到官员的说法，激动极了。第二天，他开始往远处跑，不

停地跑，跑得累了，他想：我要让我的子女有更多的土地，挣更多的钱。这样一想，他就有力量了，然后接着往更远的地方跑去。又感到累了，他想：我们老了要钱花，我得为我和妻子跑更多的土地，这样就能有足够的钱养老了。想到这里，他又打起精神，继续往前跑。就这样，农夫的欲望像魔鬼，没有尽头，他总有理由想要更多的土地，因此一直跑啊跑啊，最后终于倒在了地上，累死了。农夫死于没有尽头的欲望。

一个小镇上，有位大富翁，随着他财富的增多，内心的烦恼也跟着增多，因此，他每天都郁郁寡欢，没有一个笑容。

富翁的门前，有对卖豆腐的夫妻，一天到晚像是没有忧愁，卖着豆腐有说有笑，富翁在家里经常听到他们开心的笑声。富翁有些奇怪，他想：俗话说，人生三大苦，打铁撑船磨豆腐，大家都认为卖豆腐的人很辛苦，为什么他们干着最辛苦的活儿却那么快乐呢？有什么办法能让他们跟我一样不快乐呢？

于是，趁着晚上月黑风高，他扔了一大笔钱到卖豆腐的夫妻家，从此以后再也没有听到他们的欢声笑语。这是为什么呢？

原来，卖豆腐的夫妻俩，捡到富翁扔过来的钱后，发现自己一下子有了很多钱，他们想，这么多钱，我们该怎么花呢？存起来吧，总有花完的一天；不存起来做生意吧，万一都赔了怎么办。而且夫妻俩的心也不往一块儿想了，丈夫想，现在有钱了，我得休了这个长相丑陋的老婆，然后娶个年轻貌美的小老婆。妻子想，卖豆腐的有什么好，早知道自己可以发大财，就找个更好的人家了。夫妻俩各自打着自己的小算盘，烦恼随之而来，占据了他们原本快乐的心，他们甚至想，会不会捡到更多的钱呢？这样就能想干什么就干什么了。

那个农夫和卖豆腐的夫妻遭遇让我们知道，生活本来是充满快乐的，但是一旦自己的欲望得不到控制，那么烦恼、灾难就接踵而至。所以，要控制好自己的欲望，做一个快乐的人。

点亮自己»

清末“虎门销烟”的发动者林则徐，在任两广总督期间，在自己总督府衙的堂联中写道：“壁立千仞，无欲则刚。”林则徐认为壁立千仞的刚直，在于没有欲望，因此，控制好自己的欲望可以让自己强大。

控制自己的欲望并不是压制自己的欲望，让自己没有欲望，那样会导致个人价值观的扭曲，而是要求我们不能放纵自己的欲望，那种走火入魔的欲望没有尽头，甚至还会驱使我们越过底线。学会控制自己的欲望要做到以下两点：

第一，正确对待欲望。我国古代就对人的欲望有所研究，我国著名的思想家朱熹就提出“存天理，去人欲”的思想，这些理论体现了先人对个人境界的追求，但是回归到我们的现实生活，要对欲望有一个合理的认识。欲望体现了人们追求美好生活的渴望，是一种正常的心理状态，适当的欲望可以给人追求美好生活的动力，因此要允许其存在。但是我们要认识到，走火入魔的欲望不利于自身的发展和进步，没有尽头的贪婪会让人失去自我。

第二，适当期待未来。既然走火入魔的欲望没有尽头，那么我们就要适当期待未来，从而避免产生太过贪婪的欲望。例如《欢乐颂》

中的樊胜美，一心想嫁高富帅，对自己的未来有太高的期待，结果反而差点被曲连杰欺骗。因此，我们要正确看待自己，适当对未来有所期待，避免陷入走火入魔的欲望之中。

做人不攀比，但要有动力

“财富就是你比妻子的妹夫多挣100美元。”这句话讽刺了生活中盲目攀比的行为，一些人将自己努力的动力建立在盲目与他人的比较之上。例如，我比身边朋友们挣得多，所以我就不用努力了，或者我比他挣得少，所以得努力奋斗，这是一种畸形的价值观。就像行为经济学家说的那样：“我们越来越富有，但是体味不到更幸福，大部分是因为我们总拿自己与那些物质条件更好的人相比。”

攀比的心理源于个人的虚荣心，虚荣心维护的是外在的面子，而不是内心的充实。通过攀比带来的动力是不长久的而是暂时的，而真正的动力来自于内心的信念和渴望，这样的动力才能给予一个人排除万难、坚持下去的勇气和毅力。因此，我们在生活中，不能有盲目的攀比心理，要反观自我，找到内心深处真正的动力。

读故事，悟情商

海瑞是明朝时期知名度特别高的人物，他是为官正直、清廉的代表，被称为“明代第一清官”。观其一生，他能从低起点的县级做到正部级，并在各种打压下坚持发出自己的声音，原因在于他在内心深处找到坚持下去的动力。

海瑞做官能够不畏权贵、一往无前，真正的动力来自内心深处对国家的热爱，而不是与他人的攀比，因为如果攀比，他大大落后于徐阶、张居正。海瑞的家境和学习环境远远比不上他们，海瑞四岁时父亲去世，家境贫困，当别人的孩子在学堂念书时，他的老师只能是自己的母亲。他二十八岁才考上县学，三十六岁中举人，之后连续考了六年进士都落榜了。这在明代，实在算不上高学历，要知道徐阶二十岁就做了进士，张居正十六岁就考上了举人，二十三岁考上进士。因此在明朝看重出身的官场，海瑞的起点低得不能再低了。

虽然起点低，但是海瑞没有攀比心理，只在乎自己内心理想的实现。因此工作起来，非常有动力。他四十一岁的时候终于当上了南平县的一个不入流的官，主管南平县的教育，他通过自己的努力，把这个不入流的官硬是做成了一个与众不同的官。他兢兢业业，规范考勤制度，禁止旷课、迟到、早退，并身体力行，整顿南平的教育，并取得显著的成效。由于他拒绝收礼、送礼，被人称为“海阎王”。为了坚守自己的操守，他不惜得罪知府和御史。

当时的人不明白，海瑞为什么做官，想要升官就要遵循官场的规则，你海瑞软硬不吃，究竟是为了什么？其实很简单，他不攀比，不图荣华富贵，只是做自己应该做的事情，他唯一的动力就是工作，拿朝廷的这份俸禄就要做相应的工作。仅此而已。

无欲则刚的海瑞此后虽有升迁，但伴随而来的更多是他人的压制，可他始终不与他人攀比，不为名利所累，只遵循来自内心忠于朝

廷的动力，一步步走上了更高的职位。

点亮自己

爱攀比的人活在他人的目光中，情绪被他人影响，活在他人的价值体系中，并且容易在攀比中迷失自己、失去自我。因此，我们要摆脱攀比心理，找寻自身心灵深处的动力之源，依赖于自己的思想，将自己活成独立的个体。要想做到这些，需要注意以下两个方面：

第一，拒绝盲目攀比。有人说过这样的话：生活累，一小半源于生存，一小半源于攀比。由此可知，攀比造成生活的负担，给人徒增无谓的烦恼。因此我们做人要拒绝盲目攀比，不让自己的价值依附于别人，要活出自己的光芒。

第二，发掘自身潜力。每个人都有潜在内心的那一股一触即发的爆发力，倾听内心，只要认准奋斗的目标，凭着自信，并以此为动力。这样不管外界如何改变，沧海桑田后，我还是我，我前进的动力依旧在。这样才能做到做人不攀比，但是也有动力。

坚定目标，不贪恋外物

坚定不移的信念对于个人的成功有着极大的影响，世界上大部分的失败在于没有坚定的目标，贪恋外物，导致半途而废。

罗曼·罗兰曾经说过："最可怕的敌人，就是没有坚强的信念。"坚定的目标可以帮助个人取得成功，情商高的人做事前都会先设定一个目标，在执行的过程中坚定地遵循，不受外界的影响，并最终取得成功。如声名显赫的贝多芬，喜欢音乐，并一心想当一个音乐家，虽然后来他的身体受到疾病摧残，因为坚定的目标，他坚持下来了，为世人留下了许多经典乐曲，他的精神也激励着无数的人在前行的路上坚定不移地前进。

读故事，悟情商

古时候有个将近90岁的老人，他的家对面是王屋山和太行山两座大山，这两座大山阻挡了他们出山进山的道路，导致进出都要绕好远的路。老人觉得很不方便，决心要改变这个情况，决定将两座大山从门前移走。

他把自己的家人叫到一起，说道："我决定和你们一起，将门前的这两座大山移平，使门前的道路一直通到汉水，并能到达豫州，你

们同意不？”他的子孙们纷纷表示同意。

但是她的妻子疑惑地问道：“凭你现在的力气，连一些小山都不能挪走，怎么能将王屋、太行这样的大山挪走呢？更何况这些土石放到哪里呢？”大家纷纷出谋献策：“把土石运到渤海的边上就行了。”于是愚公带着自己的后代中身体强壮的子孙，凿石挖土，用簸箕把土运到渤海，这样一年才能往返几次。邻居七八岁的小孩子看到后，也蹦蹦跳跳地帮助他们。

河曲的老头嘲笑他，并制止他们道：“哎呀，你咋这么傻呢，以你余生的力气，连山上的一个草都毁不掉，又怎么能奈何得了满山的大石头呢？”

老人回答道：“你的思想顽固到无法改变的地步了，还不如小孩子和妇人呢。要知道，我死了之后还有儿子，儿子死后还有孙子，孙子死后有孙子的儿子，这样下去，子子孙孙无穷尽，但是山又不会长高，为何愁挖不平？”

山神听说了这件事，怕他真的不停地挖下去，就把这件事告诉了天帝，天帝被他坚定不移的信心感动了，就派人将两座山搬走了。

这个老人就是愚公。愚公移山的故事告诉我们，做人要有坚定的目标，不为外物所动，终有成功的一天。

同样的故事也发生在当代。1960 年到 1969 年，林县的人们为了解决用水问题，在悬崖峭壁上修建了举世闻名的红旗渠。红旗渠总长 70.6 公里，跨越险滩峡谷，有统计数据显示，红旗渠修建过程中削平了 1250 座山头，架设了 151 座渡槽，开凿了 211 个隧洞，修建建筑物12408座，挖砌土石达2225万立方米。关键是，那个时代机械匮乏，这个工程全靠林县人民的双手，如此艰难的工程，没有坚定不移的目标感是不能完成的。因此，红旗渠在国际上被誉为“世界第八大奇迹”。

点亮自己»

坚定的目标是为人处事成功的基础，做任何事情前都要先定好目标，并朝着目标勇敢地前进。在奋斗的过程中，难免会有诱惑，但是高情商的人会避开外物的诱惑，坚定不移。

做到坚定目标，不为外物所扰，要注意以下两点：

第一，紧盯目标不放松。目标是一个人前进的方向和动力，有了方向就有了奋斗的动力。因此目标定下后要坚定不移地执行，遭遇困难时，只要坚定的信念不改，就能激发出惊人的潜力，这样才能促进个人的成功。

第二，抵制诱惑不动摇。前进的路上诱惑有很多，作为高情商的人，会看清目标，抵制来自各方的诱惑不动摇。这样才能避免误入歧途，而错失成功。

回望成功，给幸福充电

《华严经》里曾这样写道："不忘初心，方得始终。"初心是自己最初的梦想，是自己人生奋斗的力量源泉。在前进的路上要不忘初心，成功后不忘回头看，这样，一是重温自己的初心，时刻提醒自己铭记最初的梦想；二是总结经验教训，丰富自己，为以后的人生储备知识，给自己的幸福充电。

成功固然值得庆贺，但是成功后更需要采用正确的态度对待，要记得偶尔回望成功，鞭策自己迈向更高峰。历史上不乏成功后就开始浮躁的人，越来越成功，就离自己的初心越来越远。电视剧《北京爱情故事》中的石小猛，初到北京的踌躇满志，但是面对现实的打击，最终迷失了自我，忘记了最初奋斗的目的，最终不但失去了爱人，还失去了尊严和他人的尊重。

读故事，悟情商

公元前 207 年，项羽和刘邦在巨鹿之战大胜秦军后，项羽就逐渐产生了骄纵之气。巨鹿之战后，秦军将领章邯带着手下二十万军兵投奔项羽，项羽没有接受，而是将这二十万人全部坑杀。

刘邦为取得优势，没按约定，先入关并准备自立为王，项羽听后很不高兴，想要除掉刘邦，刘邦买通项伯让其在项羽面前多说自己的好话，在“鸿门宴”上范增多次让项庄在酒宴上以舞剑祝兴为名，杀刘邦，都被项伯舞剑遮挡而阻止了，使刘邦顺利逃跑。

后来，刘邦在蜀地不断壮大自己的实力，“明修栈道，暗度陈仓”，而项羽被胜利冲昏了头脑，小视刘邦，最后落得“四面楚歌”的下场，惨死沙场。

项羽的失败不在于自身能力不足，而是因为没有及时总结成功经验，忘记了最初的雄心壮志，所以给刘邦逃走、壮大的机会，最后让自己命丧黄泉。

居里夫人获得过多项化学奖，这在化学界是成功的，她的成功之光已足以燃亮她的一生。但是她在回望和享受成功的同时，并不止步停留，而是在极为简陋的实验室里继续奋斗，攀登科学的更高峰。她开始研究沥青铀矿石为主的放射性物质，即使她当时已患有结核病，但仍不顾自己的身体，从早到晚翻倒矿石，倾倒溶液，搅拌冶锅，忙个不停，甚至连饭都顾不上吃。经过三年多的艰苦工作，居里夫人发现了一个比铀的放射性强百万倍的新元素——镭。镭的提炼成功，引起科学乃至哲学的巨大变革，为人类探索原子世界的奥秘打开了大门。可以说，它的发现，开辟了科学世界的新领域。

生命在于奋斗，但在奋斗的过程中不能满足于眼前，总结经验，再接再厉，才能收获更美丽的硕果。

点亮自己»

成功的路上布满荆棘，所以一个人的成功来之不易。但是面对成功，要有正确的态度，不能沉浸于暂时的成功之中不能自拔，否则，不但会产生浮躁骄纵的不良心态，还会在成功中迷失自我，最终遭遇失败。因此，我们要及时回望成功，给幸福充电。

第一，不忘初心。回望成功，要能看到最初的理想和目标，时刻提醒自己“不忘初心”，为以后的奋斗找准方向。现在社会上有许多昙花一现的明星，其中不乏90后小鲜肉，有一点名气就忘记了自己的最初梦想，本来是演员，演员的初心是演好戏，但是有名气后就骄傲放纵，认为自己已经成功，开始接各种商业活动，使自己的工作重心偏离了自己的本职工作，最终是昙花一现，很快就被他人取代。因此，成功后要及时回望，提醒自己不忘最初的梦想。

第二，总结经验。回望成功，要及时总结经验教训，为以后的路打好基础。如一次考试，你取得了很好的成绩，此时，不能在荣誉的座椅上沾沾自喜，而是应该及时复盘，心无旁骛地踏上新的征程，博览群书，以完善自己，便于在下次考试中取得更加优异的成绩。否则，完全沉浸在现有的成功中，会使自己止步不前，使幸福得不到延续。